ΣBEST
シグマベスト

トコトン算数

小学5年の計算ドリル

文英堂

2

この本の組み立てと使い方

❶～㊻ ▶	練習問題で，1回分は2ページです。おちついて，ていねいに計算しましょう。
問題 ▶	計算のしかたを説明するための問題です。
考え方 ▶	計算のしかたが，くわしく書かれています。しっかり読んで，計算方法を身につけましょう。
答え ▶	問題 の答えです。

● 計算は算数の基本です！

計算ができないと，文章題の解き方がわかっても正しい答えは出せません。この本は，算数の基本となる計算力をアップさせ，確実に身につくことを考えて作られています。

● 学習計画を立てよう！

1回分は見開き2ページで，46回分あります。同じような問題が数回分あるので，十分に反復練習できます。無理のない計画を立て，学習する習慣を身につけましょう。

● 「まとめ」の問題で復習しよう！

「まとめ」の問題で，それまでに計算練習したことを復習しましょう。そして，どれだけ計算力が身についたか確かめましょう。

● 答え合わせをして，まちがい直しをしよう！

1回分が終わったら答え合わせをして，まちがった問題はもう一度計算しましょう。まちがったままにしておくと，何度も同じまちがいをしてしまいます。どういうまちがいをしたかを知ることが計算力アップのポイントです。

● 得点を記録しよう！

この本の後ろにある「学習の記録」に，得点を記録しよう。そして，自分の苦手なところを見つけ，それをなくすようにがんばろう。

もくじ

4

整数と小数

問題 次の計算をしましょう。

(1) 12.3456×10　　(2) 0.0123456×100

考え方 小数も整数と同じように，10倍すると位が1けた上がります。つまり，

10倍すると小数点は1けた右へうつります。

また，100倍すると小数点は2けた右へうつります。

```
0.0123456 ⎫10倍
0.123456  ⎬10倍
1.23456   ⎬10倍
12.3456   ⎬10倍
123.456   ⎭
```

答え (1) 123.456　　(2) 1.23456

1

次の計算をしましょう。

[1問　5点]

(1) 3.14×10

(2) 4.72×10

(3) 5.015×10

(4) 42.195×10

(5) 764.8×10

(6) 2.364×100

(7) 3.831×100

(8) 5.0422×100

(9) 80.26×100

(10) 64.1325×100

勉強した日　月　日

時間 **20分**　合格点 **80点**　答え 別さつ **2ページ**　得点 点　色をぬろう 60 80 100

問題 次の計算をしましょう。

(1)　543.21 ÷ 10　　(2)　5.4321 ÷ 100

考え方　小数も整数と同じように，10でわると位が1けた下がります。つまり，

10でわると小数点は1けた左へうつります。

また，**100でわると小数点は2けた左へうつります。**

```
543.21
          }10でわる
54.321
          }10でわる
5.4321
          }10でわる
0.54321
          }10でわる
0.054321
```

答え　(1)　54.321　　(2)　0.054321

2　次の計算をしましょう。

[1問　5点]

(1)　43.2 ÷ 10

(2)　67.25 ÷ 10

(3)　5.79 ÷ 10

(4)　326 ÷ 10

(5)　0.26 ÷ 10

(6)　852.3 ÷ 100

(7)　43.58 ÷ 100

(8)　527 ÷ 100

(9)　3.75 ÷ 100

(10)　0.46 ÷ 100

2  小数のかけ算 ─ ①

問題 次の計算をしましょう。

(1) 65×0.1　(2) 43.21×0.1

考え方 (1) かけ算では，かけられる数とかける数をいれかえて計算しても答えは同じですから，

$$65×0.1＝0.1×65＝6.5$$

このように，0.1倍することは 10でわることと同じで，小数点は 1けた左へうつります。

(2) 小数点を 1けた左へうつして，

$$43.21×0.1＝4.321$$

4321	
	0.1倍
432.1	
	0.1倍
43.21	
	0.1倍
4.321	
	0.1倍
0.4321	

答え (1) 6.5　(2) 4.321

1 次の計算をしましょう。

[1問 5点]

(1) 45×0.1

(2) 83×0.1

(3) 3.5×0.1

(4) 6.7×0.1

(5) 5×0.1

(6) 9×0.1

(7) 38.64×0.1

(8) 7.04×0.1

(9) 62.65×0.1

(10) 42.195×0.1

問題 次の計算をしましょう。

(1) 98.7×0.01　　(2) 654.3×0.001

考え方 (1) 0.1×0.1＝0.01 ですから,

98.7×0.01＝98.7×0.1×0.1＝9.87×0.1＝0.987

このように, 0.01 倍すると小数点は 2 けた左へうつります。

(2) 0.01×0.1＝0.001 ですから,

654.3×0.001＝654.3×0.01×0.1

＝6.543×0.1＝0.6543

このように, 0.001 倍すると小数点は 3 けた左へうつります。

答え (1) 0.987　　(2) 0.6543

2 次の計算をしましょう。

[1問 5点]

(1) 65.2×0.01　　　　　(2) 84.5×0.01

(3) 7.2×0.01　　　　　(4) 5.4×0.01

(5) 9×0.01　　　　　(6) 75×0.01

(7) 38.6×0.001　　　　(8) 46.7×0.001

(9) 3.9×0.001　　　　(10) 67×0.001

3 小数のかけ算 — ②

問題 8.5×1.7を計算しましょう。

考え方 整数のかけ算と，小数点をうつすことで計算します。

$$8.5×1.7=85×0.1×17×0.1=85×17×0.1×0.1$$
$$=1445×0.01=14.45$$

このように，**小数点がないものとして
計算し，積の小数点を，かけられる
数とかける数の小数点より右にある
けた数の和だけかぞえて打ちます。**

```
         8.5  → 1けた
     ×   1.7  → 1けた
         5 9 5
         8 5
      1 4.4 5  ← 積の小数点は，
                右から2けた
```
小数点より右に
あるのは

答え 14.45

1 次の計算をしましょう。

[1問 5点]

(1)
```
      4.3
    × 1.6
```

(2)
```
      3.3
    × 2.5
```

(3)
```
      6.7
    × 4.9
```

(4)
```
      8.1
    × 2.7
```

(5)
```
      9.5
    × 6.4
```

(6)
```
      7.2
    × 8.6
```

次の計算をしましょう。

[(1), (2) 1問 5点, (3)〜(12) 1問 6点]

(1)
```
    2.7
×   3.4
───────
```

(2)
```
    5.3
×   4.7
───────
```

(3)
```
    1.8
×   7.5
───────
```

(4)
```
    4.1
×   3.8
───────
```

(5)
```
    6.8
×   2.3
───────
```

(6)
```
    8.3
×   4.2
───────
```

(7)
```
    9.3
×   7.6
───────
```

(8)
```
    3.7
×   2.7
───────
```

(9)
```
    5.5
×   6.7
───────
```

(10)
```
    2.5
×   4.8
───────
```

(11)
```
    1.9
×   7.8
───────
```

(12)
```
    7.4
×   6.9
───────
```

4 小数のかけ算 ― ③

1 次の計算をしましょう。

[1問 4点]

(1)
```
    1.3
×   2.9
─────────
```

(2)
```
    3.5
×   4.7
─────────
```

(3)
```
    5.3
×   7.6
─────────
```

(4)
```
    4.3
×   5.6
─────────
```

(5)
```
    7.1
×   3.8
─────────
```

(6)
```
    9.4
×   5.7
─────────
```

(7)
```
    2.8
×   6.7
─────────
```

(8)
```
    6.9
×   5.2
─────────
```

(9)
```
    8.7
×   4.5
─────────
```

(10)
```
    3.6
×   7.4
─────────
```

(11)
```
    6.5
×   4.3
─────────
```

(12)
```
    7.9
×   8.4
─────────
```

2　次の計算をしましょう。

[(1)〜(8)　1問　4点, (9)〜(12)　1問　5点]

(1)　　　1.4
　　×　5.1

(2)　　　8.4
　　×　6.3

(3)　　　2.2
　　×　9.4

(4)　　　4.6
　　×　7.6

(5)　　　5.7
　　×　3.8

(6)　　　9.2
　　×　5.3

(7)　　　3.4
　　×　6.7

(8)　　　9.1
　　×　8.2

(9)　　　6.6
　　×　7.3

(10)　　　2.7
　　×　6.2

(11)　　　5.8
　　×　4.5

(12)　　　8.7
　　×　5.9

5 小数のかけ算 ─④

問題 次の計算をしましょう。

(1) 46×3.2　　(2) 0.27×3.8

考え方 積の小数点の位置に気をつけます。

(1)

```
小数点より右
にあるのは
    4 6 →0けた
 ×  3.2 →1けた
    9 2
  1 3 8
  1 4 7.2 ←積の小数点は，
           右から1けた
```

(2)

```
小数点より右
にあるのは
   0.2 7 →2けた
 × 3.8 →1けた
   2 1 6
   8 1
 1.0 2 6 ←積の小数点は，
          右から3けた
```

答え (1) 147.2　　(2) 1.026

 次の計算をしましょう。

[1問　5点]

(1)
```
    7 4
 ×  2.6
```

(2)
```
    4.8
 ×  4 5
```

(3)
```
    8 6
 ×  3.9
```

(4)
```
  0.5 4
 ×   6.8
```

(5)
```
    6.7
 × 0.7 5
```

(6)
```
  0.9 3
 ×   5.7
```

勉強した日　月　日

時間 **20分**　合格点 **80点**　答え 別さつ **3ページ**

得点　　　点

色をぬろう
60　80　100

2 次の計算をしましょう。

[(1), (2) 1問 5点, (3)～(12) 1問 6点]

(1)
```
    1 6
×   2.7
```

(2)
```
    2.4
×   4 6
```

(3)
```
    5 7
×   3.2
```

(4)
```
    4 3
×   5.8
```

(5)
```
    0.7 2
×     1 9
```

(6)
```
    0.8 5
×     4 8
```

(7)
```
    6 1
× 0.5 3
```

(8)
```
    3 4
× 0.9 2
```

(9)
```
    0.9 5
×     8.3
```

(10)
```
    0.2 8
×     3.8
```

(11)
```
    5.5
× 0.8 2
```

(12)
```
    9.3
× 0.7 6
```

6 小数のかけ算 ― ⑤

1 次の計算をしましょう。

[1問 4点]

(1)
```
  2.6
× 1.4
```

(2)
```
  5.8
×  34
```

(3)
```
  4.3
×  7.1
```

(4)
```
  8.3
× 5.2
```

(5)
```
  3.5
× 6.9
```

(6)
```
  6 3
× 9.5
```

(7)
```
0.1 2
×  7 3
```

(8)
```
    9 1
× 0.4 6
```

(9)
```
0.7 5
×  8.4
```

(10)
```
  5.6
× 0.3 8
```

(11)
```
1.2 8
×  6.4
```

(12)
```
3.1 4
×  2.6
```

2　次の計算をしましょう。

[(1)〜(8)　1問　4点，(9)〜(12)　1問　5点]

(1)
```
    8 . 2
  × 4 . 7
```

(2)
```
    3 . 2
  ×   7 8
```

(3)
```
    5   9
  × 2 . 3
```

(4)
```
    6 . 1
  × 4 . 2
```

(5)
```
    0 . 4 5
  ×     7 9
```

(6)
```
    2   8
  × 0 . 9 6
```

(7)
```
    7   2
  × 0 . 5 4
```

(8)
```
    3 . 1 4
  ×     1 6
```

(9)
```
    0 . 5 9
  ×     2 6
```

(10)
```
    2 3 . 8
  ×     1 . 9
```

(11)
```
    6 . 7
  × 0 . 8 7
```

(12)
```
    1 5 . 7
  ×     3 . 4
```

7 小数のかけ算 — ⑥

問題 工夫して，次の計算をしましょう。

(1) 4.7×0.4×5 　(2) 3.4×4＋1.6×4

考え方 小数のときも，次の計算のきまりが成り立ちます。

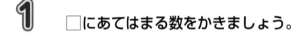

○×△＝△×○ 　　　(○×△)×□＝○×(△×□)

(○＋△)×□＝○×□＋△×□

(1) うしろの2つを先にかけると，

4.7×0.4×5＝4.7×2＝9.4

(2) かける数がどちらも4ですから，まとめて計算します。

3.4×4＋1.6×4＝(3.4＋1.6)×4＝5×4＝20

答え (1) 9.4 　(2) 20

1 □にあてはまる数をかきましょう。 ［1問 5点］

(1) 3.6×7.4＝□×3.6

(2) 5.6×8.1＝8.1×□

(3) (4.9×3.4)×7.8＝4.9×(3.4×□)

(4) (25.3×□)×4.3＝25.3×(6.2×4.3)

(5) (4.8＋3.9)×2.5＝4.8×2.5＋3.9×□

(6) 5.7×4.9＋5.7×5.1＝□×(4.9＋5.1)

2　工夫して，次の計算をしましょう。　　[1問　10点]

(1)　$0.62 \times 0.2 \times 5$

(2)　$6.4 \times 2.5 \times 4$

(3)　$2.5 \times 7.8 \times 8$

(4)　$3.14 \times 2.6 + 3.14 \times 7.4$

(5)　$6.14 \times 3.4 + 2.36 \times 3.4$

(6)　$4.82 \times 9.8 - 2.72 \times 9.8$

(7)　$5.4 \times 7.64 - 5.4 \times 4.14$

小数のかけ算 — ⑦

1 工夫して，次の計算をしましょう。 ［1問 7点］

(1) 7.1 × 2 × 0.5

(2) 1.5 × 4.9 × 0.4

(3) 6.2 × 3.5 × 0.6

(4) 8.4 × 0.8 × 7.5

(5) 1.25 × 8 × 5.6

(6) 4.5 × 6.9 × 0.8

(7) 2.25 × 8.3 × 4

② 工夫して，次の計算をしましょう。　[(1)〜(5) 1問 7点, (6), (7) 1問 8点]

(1)　$2.4 \times 3.7 + 2.4 \times 6.3$

(2)　$4.8 \times 3.4 + 3.2 \times 3.4$

(3)　$7.5 \times 4.2 - 7.5 \times 2.2$

(4)　$5.3 \times 8.4 - 2.3 \times 8.4$

(5)　$3.14 \times 7.2 + 3.14 \times 2.8$

(6)　$4.68 \times 3.4 + 4.68 \times 1.6$

(7)　$6.42 \times 9.4 - 6.42 \times 6.4$

9 「小数のかけ算」のまとめ

1 1辺の長さが6.4cmの正方形の面積は何cm²ですか。 [15点]

式

答え

2 1mの重さが1.4kgのパイプがあります。このパイプ3.9mの重さは何kgでしょう。 [15点]

式

答え

3 1Lで5.2m²のかべをぬることができるペンキがあります。このペンキ5.6Lでは何m²のかべをぬることができますか。 [15点]

式

答え

④ たてが3.2cm，横が4.8cmの長方形の面積は何cm² ですか。

[15点]

式

答え

⑤ たかしくんは，走りはばとびで1.9mとびました。おさむくんはたかしくんの1.3倍とびました。おさむくんは何mとんだでしょう。

[20点]

式

答え

⑥ 40Lのガソリンで380km走る車があります。ガソリンが残り9.4Lであるとき，この車はあと何km走ることができますか。

[20点]

式

答え

 # 小数のわり算 — ①

> **問題** 1.8÷0.3を計算しましょう。
>
> **考え方** 1.8は0.1が18こ，0.3は0.1が3こです。1.8を0.3ずつ分けていくと，18÷3＝6より，6こに分けられます。これより，
>
> 　　1.8÷0.3＝6
>
>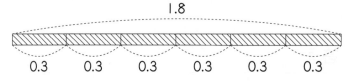
>
> このように，1.8÷0.3の商は，わられる数とわる数を10倍した18÷3の商と同じです。
>
> **答え** 6

 次の計算をしましょう。　　　　　　　　　　［1問　4点］

(1) 1.2÷0.4　　　　　(2) 2.4÷0.6

(3) 3.5÷0.5　　　　　(4) 4.2÷0.7

(5) 3.2÷0.8　　　　　(6) 2.7÷0.3

(7) 3.6÷0.9　　　　　(8) 2.6÷0.2

(9) 2÷0.5　　　　　(10) 4÷0.8

問題 2.59÷0.7を，筆算で計算しましょう。

考え方 わる数が整数になるように，わられる数とわる数を10倍，つまり，小数点を1けた分右へうつして，25.9÷7として計算します。商の小数点は，わられる数の右にうつした小数点にあわせて打ちます。

0.7)2.5.9

小数点を1けたずつ右にうつす

3.7
0.7)2.5.9
　2 1
　　4 9
　　4 9
　　　0

わられる数の，右にうつした小数点にそろえて小数点を打つ

答え 3.7

2 次の計算をしましょう。

[1問 10点]

(1)
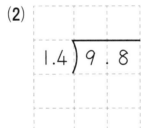
0.8)5.6

(2)
1.4)9.8

(3)
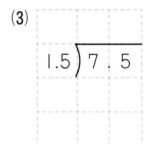
1.5)7.5

(4)
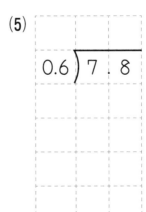
0.3)5.7

(5)
0.6)7.8

(6)

0.7)8.4

11  小数のわり算 ― ②

1 次の計算をしましょう。

[(1)〜(8) 1問 5点, (9) 6点]

(1)

$0.6 \overline{)4\ 6.8}$

(2)

$0.5 \overline{)3\ 9.5}$

(3)

$0.8 \overline{)6\ 1.6}$

(4)

$0.7 \overline{)5.3\ 9}$

(5)

$0.4 \overline{)2.9\ 2}$

(6)

$0.9 \overline{)3.7\ 8}$

(7)

$0.3 \overline{)5\ 9.1}$

(8)

$0.6 \overline{)8.5\ 2}$

(9)

$0.8 \overline{)9.0\ 4}$

2 次の計算をしましょう。

[1問　6点]

(1)

$$3.7 \overline{)2\ 2\ .\ 2}$$

(2)

$$9.6 \overline{)3\ 8\ .\ 4}$$

(3)

$$1.8 \overline{)4\ .\ 8\ 6}$$

(4)

$$3.8 \overline{)9\ 1\ .\ 2}$$

(5)

$$6.7 \overline{)8\ 0\ .\ 4}$$

(6)

$$1.6 \overline{)9\ 4\ .\ 4}$$

(7)

$$4.3 \overline{)7\ 3\ .\ 1}$$

(8)

$$8.2 \overline{)9\ .\ 8\ 4}$$

(9)

$$2.3 \overline{)9\ .\ 6\ 6}$$

12  小数のわり算 — ③

1 わり切れるまで計算しましょう。

[1問 6点]

(1)
$$0.6 \overline{)5.7}$$

(2)
$$0.4 \overline{)3.4}$$

(3)
$$1.8 \overline{)6.3}$$

(4)
$$0.5 \overline{)3.7}$$

(5)
$$2.4 \overline{)6}$$

(6)
$$2.5 \overline{)8.5}$$

(7)
$$3.5 \overline{)5.6}$$

(8)
$$4.2 \overline{)2.1}$$

(9)
$$8.5 \overline{)5.1}$$

時間 **20分**　合格点 **80点**　答え 別さつ **7ページ**　得点 　点　色をぬろう 60 80 100

 わり切れるまで計算しましょう。　[(1), (2)　1問　7点, (3)〜(6)　1問　8点]

(1)

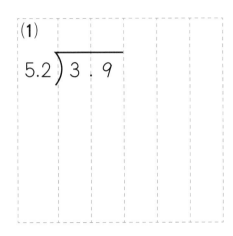

(2)

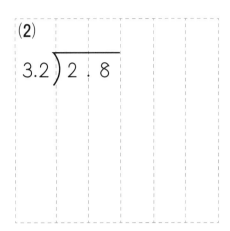

(3)

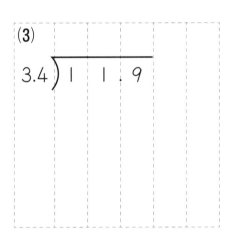

(4)

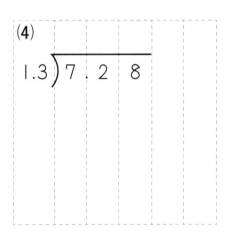

(5)

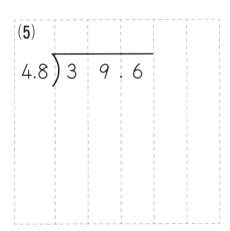

(6)

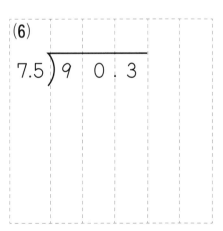

28

小数のわり算 ── ④

1

次のわり算をして, 商は四捨五入して小数第 1 位までのがい数で表しましょう。

[1問 8点]

(1)

$$0.3 \overline{)2.5}$$

(2)

$$0.6 \overline{)5.9\,3}$$

(3)

$$1.7 \overline{)4.8}$$

(4)

$$8.5 \overline{)7.3}$$

(5)

$$8.9 \overline{)2\,0.6}$$

(6)

$$6.8 \overline{)8\,7.3}$$

2 次のわり算をして，商は四捨五入して上から2けたのがい数で表しましょう。

[(1), (2) 1問 8点, (3)～(6) 1問 9点]

(1) 0.7) 6.2

(2) 0.9) 1.42

(3) 0.3) 8.6

(4) 2.1) 6.9

(5) 2.9) 1.27

(6) 5.9) 46.1

14 小数のわり算 ──⑤

問題 3.8÷0.6を計算し，商は小数第1位まで求め，余りも出しましょう。

考え方 3.8÷0.6の商を小数第1位まで計算すると6.3です。

余りは，3.8－0.6×6.3＝3.8－3.78＝0.02

これより，筆算では，**余りの小数点はわられる数のもとの小数点にそろえて打つ**ことがわかります。

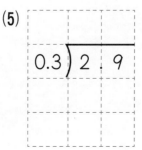

わられる数の，右にうつした小数点にそろえて小数点を打つ

わられる数の，もとの小数点にそろえて小数点を打つ

答え 6.3余り0.02

1 次のわり算をして，商は一の位まで求め，余りも出しましょう。

[1問 8点]

(1)
```
0.5 ) 3 . 4
```

(2)
```
0.7 ) 5 . 2
```

(3)
```
0.8 ) 3
```

(4)
```
0.6 ) 4 . 6
```

(5)
```
0.3 ) 2 . 9
```

(6)
```
0.9 ) 7 . 8
```

勉強した日　月　日

時間 **20分**　合格点 **80点**　答え 別さつ **7ページ**　得点　点　色をぬろう 60 80 100

2 次のわり算をして，商は小数第1位まで求め，余りも出しましょう。

[(1), (2) 1問 8点, (3)〜(6) 1問 9点]

(1)

7.3) 1 8 . 4

(2)

6.5) 4 1 . 7

(3)

3.8) 1 7

(4)

8.9) 5 7 . 7

(5)

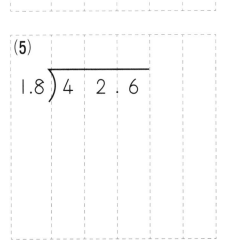

1.8) 4 2 . 6

(6)

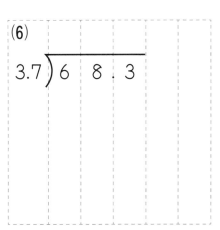

3.7) 6 8 . 3

15  「小数のわり算」のまとめ

1 18mのロープから，1.5mのロープは何本切り取ることができますか。

[15点]

式 _____

答え _____

2 リボンを4.5m買うと315円でした。このリボン1mは何円でしょう。

[15点]

式 _____

答え _____

3 横の長さが2.6cm，面積が11.7cm²の長方形があります。この長方形のたての長さは何cmですか。

[15点]

式 _____

答え _____

4 家から駅までは3.5km，家から図書館までは1.4kmあります。家から図書館までの道のりは，家から駅までの道のりの何倍ですか。　[15点]

式

答え

5 3.5Lのジュースを，1人に0.4Lずつ分けます。何人に分けることができますか。また，ジュースは何L残りますか。　[20点]

式

答え

6 だいちくんの体重は38kgで，お父さんの体重は71.2kgです。お父さんの体重はだいちくんの体重のおよそ何倍でしょう。小数第2位を四捨五入して小数第1位まで求めましょう。　[20点]

式

答え

 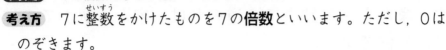

倍数と約数 ― ①

【問題】 7の倍数を小さい順に3つかきましょう。

【考え方】 7に整数をかけたものを7の**倍数**といいます。ただし，0は
のぞきます。

7に1，2，3をかけて，

$$7 \times 1 = 7, \ 7 \times 2 = 14, \ 7 \times 3 = 21$$

【答え】 7，14，21

 次の倍数を小さい順に3つかきましょう。 [1問 5点]

(1) 4の倍数

(2) 3の倍数

(3) 6の倍数

(4) 8の倍数

(5) 5の倍数

(6) 9の倍数

(7) 12の倍数

(8) 15の倍数

(9) 16の倍数

(10) 24の倍数

問題　1から50までの整数のうち，8の倍数をすべてかきましょう。

考え方　九九の8のだんで積が50までのものは，

　　　　50÷8＝6余り2

　　より，8×1＝8から8×6＝48までの6個です。

答え　8, 16, 24, 32, 40, 48

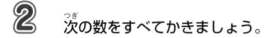

2　次の数をすべてかきましょう。

［1問　10点］

(1)　1から30までの数のうち，4の倍数

(2)　1から40までの数のうち，6の倍数

(3)　1から50までの数のうち，9の倍数

(4)　1から60までの数のうち，12の倍数

(5)　1から100までの数のうち，18の倍数

17 倍数と約数 — ②

問題 6と8の最小公倍数を求めましょう。

考え方 6と8の両方の倍数になっている数を6と8の**公倍数**といい，公倍数の中で一番小さい数を**最小公倍数**といいます。

大きい方の数は8で，その倍数を小さい順にかくと，

8, 16, 24, 32, 40, …

小さい方の数は6で，8の倍数のうち最初に6でわり切れるのは24ですから，最小公倍数は24です。

答え 24

1 次の2つの数について，最小公倍数を求めましょう。 ［1問 4点］

(1) 2と3

(2) 3と4

(3) 4と6

(4) 6と9

(5) 8と12

(6) 6と10

(7) 9と12

(8) 12と15

(9) 12と18

(10) 10と18

勉強した日 　月　　日

時間 **20分**　合格点 **80点**　答え 別さつ **9**ページ　得点 　　点　色をぬろう 60 80 100

問題 6と8の公倍数を小さい順に3つかきましょう。

考え方 6と8の最小公倍数は24です。公倍数は，最小公倍数の倍数です。24に1，2，3をかけて，

24×1＝24，　24×2＝48，　24×3＝72

答え 24, 48, 72

2 次の2つの数の公倍数を小さい順に3つかきましょう。 ［1問 10点］

(1) 6と15

(2) 9と15

(3) 10と12

(4) 12と16

(5) 14と21

(6) 18と24

倍数と約数 ── ③

問題 18の約数をすべてかきましょう。

考え方 18をわり切ることのできる整数を18の約数といいます。

18÷1＝18, 18÷18＝1より, 1と18は18の約数です。

18÷2＝9, 18÷9＝2より, 2と9は18の約数です。

18÷3＝6, 18÷6＝3より, 3と6は18の約数です。

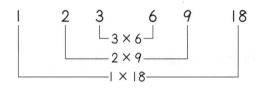

答え 1, 2, 3, 6, 9, 18

---

1 次の約数をすべてかきましょう。

[1問 5点]

(1) 6の約数

(2) 8の約数

(3) 4の約数

(4) 9の約数

(5) 12の約数

(6) 21の約数

(7) 28の約数

(8) 25の約数

(9) 32の約数

(10) 42の約数

勉強した日　月　日

時間 **20分**　合格点 **80点**　答え 別さつ 9ページ　得点 　点　色をぬろう ☆ ☆ ☆ 60 80 100

問題 16の約数は何個あるでしょう。

考え方 16の約数は1，2，4，8，16の5個です。

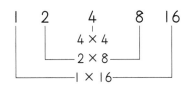

16＝4×4で，同じ数の積になっています。このような数は約数を奇数個持ちます。そうでない数は，約数を偶数個持ちます。

答え 5個

2 次の整数について，約数の個数を求めましょう。

[1問 5点]

(1) 7

(2) 9

(3) 10

(4) 13

(5) 20

(6) 24

(7) 25

(8) 36

(9) 54

(10) 72

19 倍数と約数 — ④

問題　18と24の最大公約数を求めましょう。

考え方　18と24の両方の約数になっている数を18と24の公約数といい，公約数の中で一番大きい数を最大公約数といいます。

小さい方の数は18で，その約数を小さい順にかくと，

1, 2, 3, 6, 9, 18

この中で24をわり切る一番大きな数は6ですから，最大公約数は6です。

答え　6

 次の２つの数について，最大公約数を求めましょう。　　　［1問　4点］

(1) 4と6

(2) 6と8

(3) 4と8

(4) 6と9

(5) 9と12

(6) 8と12

(7) 12と18

(8) 24と36

(9) 28と36

(10) 42と56

勉強した日　月　日

問題 20と24の公約数をすべてかきましょう。

考え方 20と24の最大公約数は4です。公約数は，最大公約数の約数です。4の約数を求めると，

　　1，2，4

ですから，これらが20と24の公約数です。

答え 1，2，4

2 次の2つの数の公約数をすべてかきましょう。　　　　　[1問　10点]

(1)　12と16

(2)　24と32

(3)　30と36

(4)　36と48

(5)　56と64

(6)　54と81

20 「倍数と約数」のまとめ

1 1から100までの整数のうち，7の倍数はいくつあります
か。 [15点]

答え _____

2 ある駅から西町行きのバスは12分ごとに，東町行きのバ
スは18分ごとに発車します。午前9時に西町行きのバス
と東町行きのバスが同時に発車しました。この次に同時
に発車するのは何時何分でしょう。 [15点]

答え _____

3 画用紙で，たて6cm，横10cmの長
方形をたくさんつくりました。こ
の長方形を右の図のように同じ向
きにならべていって，できるだけ
小さい正方形をつくります。正方
形の1辺の長さは何cmになるでしょう。 [20点]

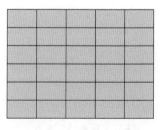

答え _____

④ 8の約数のうち8以外のものは1, 2, 4で, それらの和は1＋2＋4＝7になります。同じようにして, 28の約数のうち28以外のものの和を求めましょう。　[15点]

答え _____

⑤ 1, 2, 3, 4, 5, 6を約数として持つ整数のうち, もっとも小さいものを求めましょう。　[15点]

答え _____

⑥ 画用紙を右の図のように切って, 同じ大きさでできるだけ大きい正方形に分けます。たて30cm, 横42cmの画用紙を切るとき, 正方形の1辺の長さは何cmになるでしょう。

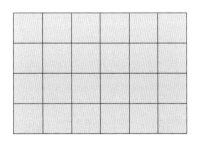

[20点]

答え _____

21 速さ ─ ①

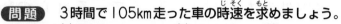

問題　3時間で105km走った車の時速を求めましょう。

考え方　単位時間あたりに進む道のりを**速さ**といい,

　　　速さ＝道のり÷時間

　で求めます。1時間あたりに進む道のりを**時速**, 1分間あたりに

　進む道のりを**分速**, 1秒間あたりに進む道のりを**秒速**といいます。

　3時間で105km走ったので, 105÷3＝35より, 時速35kmです。

答え　時速35km

1　次の速さを求めましょう。

[1問　9点]

(1)　2時間で80km走る車の時速

(2)　5時間で435km走る電車の時速

(3)　20分間で1km歩く人の分速

(4)　高速道路を40分間に60km走る車の分速

2 次の速さを求めましょう。 [1問　8点]

(1) 200mを25秒で走る人の秒速

(2) 8分で520m歩く人の分速

(3) 2時間で144km走る電車の時速

(4) 12分で3600m走る自転車の分速

(5) 15分で12km走る車の分速

(6) 18分で5.4km走るマラソン選手の分速

(7) 5時間で72km走る自転車の時速

(8) 480kmのきょりを1時間20分で飛ぶ飛行機の秒速

22 速さ —②

問題 2時間で108km走った車の時速，分速，秒速を求めましょう。

考え方 2時間で108km走ったので，

108÷2＝54より，時速54kmです。

60分間で54km＝54000m走ったので，

54000÷60＝900より，分速900mです。

60秒間で900m走ったので，

900÷60＝15より，秒速15mです。

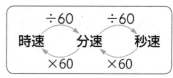

答え 時速54km，分速900m，秒速15m

1 次のア〜カにあてはまる数を求めましょう。

［1問 5点］

	時　速	分　速	秒　速
ニワトリ	18km	ア m	イ m
チーター	ウ km	1800m	エ m
キリン	オ km	カ m	14m

ア ＿＿＿＿＿＿＿＿＿　イ ＿＿＿＿＿＿＿＿＿

ウ ＿＿＿＿＿＿＿＿＿　エ ＿＿＿＿＿＿＿＿＿

オ ＿＿＿＿＿＿＿＿＿　カ ＿＿＿＿＿＿＿＿＿

勉強した日　月　日　時間 ⑳分　合格点 ⑳点　答え 別さつ11ページ　得点　点　色をぬろう 60 80 100

 どちらが速いでしょう。AかBで答えましょう。　[1問　14点]

(1)　A　時速35kmで泳ぐオットセイ
　　　B　分速400mで泳ぐゴマフアザラシ

(2)　A　分速1kmで走るライオン
　　　B　秒速12mで走るダチョウ

(3)　A　時速56kmで飛ぶスズメ
　　　B　秒速20mで飛ぶハチドリ

(4)　A　4時間で224km走る電車
　　　B　45分で36km走る車

(5)　A　2500mを10分間で走る自転車
　　　B　40kmを2時間で走るマラソン選手

23 速さ ― ③

問題 高速道路を時速85kmで走る車があります。この車は、4時間で何km走るでしょう。

考え方 速さ＝道のり÷時間から、次の式が成り立ちます。

道のり＝速さ×時間

このとき、速さと時間で、「時・分・秒」をそろえて計算します。

85 × 4 ＝ 340

より、340km走ります。

答え 340km

1 次の道のりを求めましょう。

[1問 9点]

(1) 時速120kmの特急列車が3時間に進む道のり

(2) 分速80mで歩く人が20分間に進む道のり

(3) 秒速7mの自転車が1分間に進む道のり

(4) 高速道路を時速75kmで走る車が1.4時間で走る道のり

次の道のりを求めましょう。　[1問　8点]

(1) 秒速12kmのロケットが1分間に進む道のり

(2) 分速400mのスクーターが25分間に進む道のり

(3) 時速35kmで走るバスが0.6時間に進む道のり

(4) 時速220kmで走る新幹線が0.8時間に進む道のり

(5) 秒速5mで走るマラソン選手が15分間に進む道のり

(6) 時速42kmの車が30分間に進む道のり

(7) 分速210mの自転車が20秒間に進む道のり

(8) 時速90kmの電車が90分間に進む道のり

24 速さ —— ④

問題 時速45kmで走る車が135kmの道のりを走るのに何時間かかるでしょう。

考え方 速さ＝道のり÷時間から，次の式が成り立ちます。

時間＝道のり÷速さ

このとき，道のりと速さで，長さの単位をそろえます。

また，**道のり＝速さ×時間**の式で，時間を□として式を立てても求められます。

135÷45＝3

より，3時間かかります。

答え 3時間

1 次の時間を求めましょう。 [1問 9点]

(1) 80kmの道のりを時速40kmの車で走るときにかかる時間

(2) 400mを秒速8mで走るときにかかる時間

(3) 840mの道のりを分速60mで歩くときにかかる時間

(4) 405kmの道のりを時速90kmの車で走ったときにかかる時間

2　次の時間を求めましょう。

[1問　8点]

(1)　秒速12kmで飛ぶロケットが108km飛ぶのにかかる時間

(2)　分速400mのスクーターが2000m進むのにかかる時間

(3)　3600mの道のりを分速240mで走るのにかかる時間

(4)　時速210kmの新幹線が315km進むのにかかる時間

(5)　秒速5mで0.9kmの道のりを走るときにかかる時間

(6)　8.4kmの道のりを分速200mの自転車で走るのにかかる時間

(7)　時速120kmで走る特急列車が10km走るのにかかる時間

(8)　分速6300mの飛行機が945km飛ぶのにかかる時間

 25 「速さ」のまとめ

1 秒速5mで走るマラソン選手は，10kmの道のりを何分何
秒で走るでしょう。 [15点]

式

答え

2 気温が14度のとき，音の伝わる速さはおよそ秒速340m
です。15秒間では，およそ何m伝わるでしょう。 [15点]

式

答え

3 12分間で900まい印刷できる印刷機があります。この印
刷機は1分間に何まい印刷できますか。 [15点]

式

答え

4 ジョギングコースを分速150mで24分間走りました。何km
走ったでしょう。　　　　　　　　　　　　　　　　　[15点]

式

答え

5 高速道路で，237.5kmの道のりを2.5時間で走りました。
時速何kmで走ったでしょう。　　　　　　　　　　　[20点]

式

答え

6 時速60kmで走る長さ150mの列車があります。この列車
が長さ2850mのトンネルにはいりはじめてから完全に出
てしまうまでには何分かかるでしょう。　　　　　　　[20点]

式

答え

26 分数と小数 — ①

問題 3Lのジュースを4等分すると，1つ分の量は何Lになります
か。分数で答えましょう。

考え方 1つ分は3÷4で計算できます。

1Lを4等分すると $\frac{1}{4}$ Lです。3Lを4等分すると $\frac{1}{4}$ Lの3つ分，

つまり， $\frac{3}{4}$ Lになります。

これより，$3÷4＝\frac{3}{4}$

このように，**わり算の商は，わられる数を分子，
わる数を分母とする分数で表されます。**

$$○÷□＝\frac{○}{□}$$

答え $\frac{3}{4}$ L

1 次のわり算の商を，分数で表しましょう。

[1問 5点]

(1) $2÷3$

(2) $3÷4$

(3) $1÷6$

(4) $8÷7$

(5) $12÷5$

(6) $9÷11$

(7) $5÷9$

(8) $23÷35$

2　次のわり算の商を，分数で表しましょう。

[1問　3点]

(1)　3 ÷ 7

(2)　4 ÷ 5

(3)　6 ÷ 11

(4)　8 ÷ 3

(5)　7 ÷ 4

(6)　8 ÷ 9

(7)　13 ÷ 15

(8)　9 ÷ 17

(9)　11 ÷ 7

(10)　15 ÷ 8

(11)　7 ÷ 6

(12)　10 ÷ 3

(13)　17 ÷ 16

(14)　18 ÷ 7

(15)　19 ÷ 9

(16)　1 ÷ 20

(17)　7 ÷ 9

(18)　3 ÷ 23

(19)　6 ÷ 17

(20)　7 ÷ 100

27 分数と小数 ― ②

問題　7mのテープを4等分すると，1つ分は何mになりますか。
小数で表しましょう。

考え方　1つ分の長さは，7÷4で計算できます。

分数で表すと，$7 \div 4 = \dfrac{7}{4}$　　小数で表すと，$7 \div 4 = 1.75$

これより，$\dfrac{7}{4} = 7 \div 4 = 1.75$

このように，**分数は，分子÷分母を計算して**
小数で表すこともできます。

$$\dfrac{\bigcirc}{\square} = \bigcirc \div \square$$

答え　1.75m

1　次の分数を小数で表しましょう。

[1問　4点]

(1)　$\dfrac{3}{5}$

(2)　$\dfrac{6}{4}$

(3)　$\dfrac{5}{2}$

(4)　$\dfrac{15}{6}$

(5)　$\dfrac{7}{14}$

(6)　$\dfrac{4}{16}$

(7)　$\dfrac{9}{5}$

(8)　$\dfrac{3}{8}$

(9)　$\dfrac{9}{4}$

(10)　$\dfrac{7}{8}$

次の分数を小数で表しましょう。

[1問　3点]

(1) $\dfrac{3}{2}$

(2) $\dfrac{5}{4}$

(3) $\dfrac{4}{8}$

(4) $\dfrac{9}{12}$

(5) $\dfrac{14}{8}$

(6) $\dfrac{10}{4}$

(7) $\dfrac{7}{2}$

(8) $\dfrac{9}{6}$

(9) $\dfrac{6}{12}$

(10) $\dfrac{7}{10}$

(11) $\dfrac{9}{20}$

(12) $\dfrac{9}{15}$

(13) $\dfrac{12}{16}$

(14) $\dfrac{12}{15}$

(15) $\dfrac{15}{12}$

(16) $\dfrac{21}{14}$

(17) $\dfrac{21}{6}$

(18) $\dfrac{26}{8}$

(19) $\dfrac{5}{8}$

(20) $\dfrac{9}{8}$

28 分数と小数—③

問題 $\dfrac{4}{7}$ はどれくらいの大きさですか。小数第4位を四捨五入して小数第

3位までのがい数で答えましょう。

考え方 分子÷分母を計算します。

$$\dfrac{4}{7} = 4 \div 7 = 0.5714\cdots$$

これより,$\dfrac{4}{7}$ はおよそ0.571とわかります。

答え 0.571

1 次の分数を,小数第3位までのがい数で表しましょう。

[1問 4点]

(1) $\dfrac{1}{3}$

(2) $\dfrac{2}{7}$

(3) $\dfrac{4}{6}$

(4) $\dfrac{7}{9}$

(5) $\dfrac{8}{7}$

(6) $\dfrac{10}{9}$

(7) $\dfrac{7}{11}$

(8) $\dfrac{11}{6}$

(9) $\dfrac{7}{12}$

(10) $\dfrac{13}{15}$

次の分数を，小数第3位までのがい数で表しましょう。　　［1問　3点］

(1) $\dfrac{2}{6}$

(2) $\dfrac{6}{9}$

(3) $\dfrac{5}{9}$

(4) $\dfrac{1}{7}$

(5) $\dfrac{5}{12}$

(6) $\dfrac{5}{6}$

(7) $\dfrac{3}{7}$

(8) $\dfrac{8}{9}$

(9) $\dfrac{8}{12}$

(10) $\dfrac{5}{15}$

(11) $\dfrac{5}{3}$

(12) $\dfrac{9}{7}$

(13) $\dfrac{7}{6}$

(14) $\dfrac{20}{9}$

(15) $\dfrac{8}{6}$

(16) $\dfrac{10}{7}$

(17) $\dfrac{10}{6}$

(18) $\dfrac{12}{14}$

(19) $\dfrac{11}{13}$

(20) $\dfrac{18}{19}$

分数と小数 — ④

問題　次の整数や小数を，分数で表しましょう。

(1)　6　　(2)　0.7　　(3)　0.71

考え方　$6 = 6 \div 1 = \dfrac{6}{1}$

このように，**整数は1を分母とする分数**と考えることができます。

また，$\dfrac{1}{10} = 0.1$，$\dfrac{1}{100} = 0.01$ より，

$$0.7 = \dfrac{7}{10} \qquad 0.71 = \dfrac{71}{100}$$

このように，**小数は10，100などを分母とする分数**として表すことができます。

答え　(1)　$\dfrac{6}{1}$　　(2)　$\dfrac{7}{10}$　　(3)　$\dfrac{71}{100}$

次の整数や小数を，分数で表しましょう。

[1問　5点]

(1)　7

(2)　12

(3)　0.3

(4)　0.9

(5)　0.17

(6)　0.53

(7)　0.291

(8)　0.551

　次の整数や小数を，分数で表しましょう。　[1問　3点]

(1)　8

(2)　13

(3)　0.2

(4)　0.8

(5)　0.13

(6)　0.43

(7)　0.51

(8)　0.47

(9)　0.19

(10)　0.31

(11)　0.4

(12)　0.77

(13)　0.6

(14)　0.69

(15)　0.91

(16)　0.567

(17)　0.5

(18)　0.601

(19)　0.87

(20)　0.539

30  「分数と小数」のまとめ

1 2kgの塩を3人で同じ量に分けるとき，1人分は何kgになりますか。

[15点]

式 _____

答え _____

2 2Lのジュースを7人で同じ量に分けるとき，1人分は何Lになりますか。

[15点]

式 _____

答え _____

3 6mのリボンを11人で同じ長さに分けるとき，1人分は何mになりますか。

[15点]

式 _____

答え _____

勉強した日　　月　　日　　時間 20分　　合格点 80点　　答え 別さつ16ページ　　得点 点　　色をぬろう 60 80 100

④ ペットボトルに2L，バケツに7Lの水があります。ペットボトルの水はバケツの水の何倍（ばい）でしょう。　　[15点]

式 _____

答え _____

⑤ 塩（しお）が5kg，さとうが9kgあります。塩はさとうの何倍ありますか。　　[20点]

式 _____

答え _____

⑥ 赤いテープは8m，青いテープは9mあります。青いテープは赤いテープの何倍の長さですか。　　[20点]

式 _____

答え _____

約分と通分 ── ①

問題 $\dfrac{8}{12}$ と等しい分数を3つかきましょう。

考え方 分数の分母と分子に同じ数をかけても，

分母と分子を同じ数でわっても，分数の大きさ

は変わりません。$\dfrac{8}{12}$ の分母と分子を4でわると，

$$\dfrac{8}{12} = \dfrac{8 \div 4}{12 \div 4} = \dfrac{2}{3}$$

$$\dfrac{\bigcirc}{\square} = \dfrac{\bigcirc \times \triangle}{\square \times \triangle}$$

$$\dfrac{\bigcirc}{\square} = \dfrac{\bigcirc \div \triangle}{\square \div \triangle}$$

この分母と分子に，2，3をそれぞれかけて，

$$\dfrac{2}{3} = \dfrac{2 \times 2}{3 \times 2} = \dfrac{4}{6} \qquad \dfrac{2}{3} = \dfrac{2 \times 3}{3 \times 3} = \dfrac{6}{9}$$

答え $\dfrac{2}{3}$ ， $\dfrac{4}{6}$ ， $\dfrac{6}{9}$

1　□にあてはまる数をかきましょう。

[1問　4点]

(1)　$\dfrac{3}{4} = \dfrac{\boxed{}}{8}$

(2)　$\dfrac{2}{7} = \dfrac{\boxed{}}{21}$

(3)　$\dfrac{3}{6} = \dfrac{\boxed{}}{2}$

(4)　$\dfrac{4}{12} = \dfrac{\boxed{}}{3}$

(5)　$\dfrac{2}{5} = \dfrac{\boxed{}}{20}$

(6)　$\dfrac{9}{6} = \dfrac{\boxed{}}{2}$

(7)　$\dfrac{16}{18} = \dfrac{\boxed{}}{9}$

(8)　$\dfrac{35}{14} = \dfrac{\boxed{}}{2}$

2 □にあてはまる数をかきましょう。 〔(1)〜(12) 1問 4点, (13)〜(16) 1問 5点〕

(1) $\dfrac{3}{5} = \dfrac{\square}{15}$

(2) $\dfrac{1}{3} = \dfrac{\square}{18}$

(3) $\dfrac{2}{4} = \dfrac{\square}{16}$

(4) $\dfrac{7}{14} = \dfrac{\square}{2}$

(5) $\dfrac{9}{12} = \dfrac{\square}{4}$

(6) $\dfrac{8}{10} = \dfrac{\square}{5}$

(7) $\dfrac{3}{2} = \dfrac{\square}{12}$

(8) $\dfrac{5}{4} = \dfrac{\square}{20}$

(9) $\dfrac{7}{6} = \dfrac{\square}{18}$

(10) $\dfrac{4}{9} = \dfrac{\square}{36}$

(11) $\dfrac{3}{8} = \dfrac{\square}{40}$

(12) $\dfrac{4}{7} = \dfrac{\square}{35}$

(13) $\dfrac{18}{24} = \dfrac{\square}{4}$

(14) $\dfrac{14}{21} = \dfrac{\square}{3}$

(15) $\dfrac{20}{25} = \dfrac{\square}{5}$

(16) $\dfrac{36}{27} = \dfrac{\square}{3}$

32 約分と通分 ― ②

問題 $\frac{24}{42}$ を約分しましょう。

考え方 分数の分母と分子を，それらの数の公約数でわって，分母の小さい分数にすることを**約分**するといいます。**分数の計算の答えは，それ以上約分できないところまで約分**します。そのために，約分をくり返すこともあります。

42と24の最大公約数の6で分母と分子をわると，1回で約分できます。

6でわる $\frac{24}{42} = \frac{4}{7}$ 6でわる

3でわる 2でわる $\frac{24}{42} = \frac{4}{7}$ 2でわる 3でわる

答え $\frac{4}{7}$

▲1回で約分する　　▲2回で約分する

1 次の分数を約分しましょう。

[1問 4点]

(1) $\frac{4}{6}$

(2) $\frac{6}{8}$

(3) $\frac{3}{9}$

(4) $\frac{3}{12}$

(5) $\frac{9}{15}$

(6) $\frac{9}{18}$

(7) $\frac{15}{10}$

(8) $\frac{14}{7}$

(9) $\frac{16}{12}$

(10) $\frac{24}{16}$

勉強した日　月　日

時間 **20分**　合格点 **80点**　答え 別さつ**17**ページ　得点　点

色をぬろう 60 80 100

 次の分数を約分しましょう。

[1問　3点]

(1) $\dfrac{4}{8}$

(2) $\dfrac{2}{6}$

(3) $\dfrac{6}{10}$

(4) $\dfrac{6}{9}$

(5) $\dfrac{2}{12}$

(6) $\dfrac{6}{15}$

(7) $\dfrac{18}{12}$

(8) $\dfrac{16}{14}$

(9) $\dfrac{25}{10}$

(10) $\dfrac{24}{20}$

(11) $\dfrac{12}{36}$

(12) $\dfrac{16}{32}$

(13) $\dfrac{36}{27}$

(14) $\dfrac{35}{25}$

(15) $\dfrac{16}{40}$

(16) $\dfrac{45}{63}$

(17) $\dfrac{4}{52}$

(18) $\dfrac{13}{39}$

(19) $\dfrac{8}{76}$

(20) $\dfrac{34}{51}$

33 約分と通分 ── ③

問題 $\dfrac{3}{4}$ と $\dfrac{5}{6}$ はどちらが大きいでしょう。

考え方 分母がちがうので，それぞれの分数の分母と分子を何倍
かずつして分母をそろえます。このことを**通分**するといいます。
分母は4と6で，それらの最小公倍数12で通分して，

$$\dfrac{3}{4}=\dfrac{3\times3}{4\times3}=\dfrac{9}{12} \qquad \dfrac{5}{6}=\dfrac{5\times2}{6\times2}=\dfrac{10}{12}$$

答え $\dfrac{5}{6}$

1 次の2つの分数を通分し，大きい方を答えましょう。 [1問 5点]

(1) $\dfrac{1}{2}$ と $\dfrac{2}{5}$

(2) $\dfrac{3}{7}$ と $\dfrac{4}{9}$

(3) $\dfrac{9}{7}$ と $\dfrac{5}{4}$

(4) $\dfrac{3}{5}$ と $\dfrac{5}{6}$

(5) $\dfrac{7}{12}$ と $\dfrac{5}{8}$

(6) $\dfrac{7}{6}$ と $\dfrac{9}{8}$

次の２つの分数を通分し，小さい方を答えましょう。 ［1問　7点］

(1)　$\dfrac{1}{2}$ と $\dfrac{5}{9}$

(2)　$\dfrac{5}{6}$ と $\dfrac{6}{7}$

(3)　$\dfrac{5}{9}$ と $\dfrac{6}{11}$

(4)　$\dfrac{4}{3}$ と $\dfrac{6}{5}$

(5)　$\dfrac{5}{2}$ と $\dfrac{8}{3}$

(6)　$\dfrac{11}{6}$ と $\dfrac{16}{9}$

(7)　$\dfrac{3}{10}$ と $\dfrac{1}{4}$

(8)　$\dfrac{4}{9}$ と $\dfrac{5}{12}$

(9)　$\dfrac{13}{7}$ と $\dfrac{7}{4}$

(10)　$\dfrac{5}{18}$ と $\dfrac{7}{24}$

分数のたし算とひき算 ── ①

問題 $\dfrac{5}{6} + \dfrac{1}{2}$ を計算しましょう。

考え方 分母のちがう分数のたし算は，通分して分母をそろえてから計算します。答えが約分できるときは，必ず約分しておきます。

$$\dfrac{5}{6} + \dfrac{1}{2} = \dfrac{5}{6} + \dfrac{3}{6} = \dfrac{8}{6} = \dfrac{4}{3}$$

答え $\dfrac{4}{3}$

1 次の計算をしましょう。

[1問 4点]

(1) $\dfrac{1}{2} + \dfrac{1}{3}$

(2) $\dfrac{1}{6} + \dfrac{2}{3}$

(3) $\dfrac{1}{4} + \dfrac{1}{8}$

(4) $\dfrac{2}{3} + \dfrac{1}{4}$

(5) $\dfrac{3}{4} + \dfrac{1}{6}$

(6) $\dfrac{5}{6} + \dfrac{3}{8}$

(7) $\dfrac{1}{6} + \dfrac{4}{9}$

(8) $\dfrac{3}{4} + \dfrac{3}{10}$

次の計算をしましょう。

[(1)〜(12) 1問 4点, (13)〜(16) 1問 5点]

(1) $\dfrac{2}{3}+\dfrac{1}{2}$

(2) $\dfrac{3}{4}+\dfrac{5}{8}$

(3) $\dfrac{1}{3}+\dfrac{5}{6}$

(4) $\dfrac{1}{3}+\dfrac{3}{4}$

(5) $\dfrac{5}{6}+\dfrac{1}{4}$

(6) $\dfrac{1}{6}+\dfrac{5}{8}$

(7) $\dfrac{7}{9}+\dfrac{5}{6}$

(8) $\dfrac{1}{2}+\dfrac{5}{6}$

(9) $\dfrac{1}{2}+\dfrac{5}{8}$

(10) $\dfrac{4}{9}+\dfrac{2}{3}$

(11) $\dfrac{5}{6}+\dfrac{7}{4}$

(12) $\dfrac{2}{3}+\dfrac{1}{18}$

(13) $\dfrac{6}{7}+\dfrac{2}{3}$

(14) $\dfrac{4}{9}+\dfrac{3}{5}$

(15) $\dfrac{3}{8}+\dfrac{2}{7}$

(16) $\dfrac{5}{8}+\dfrac{2}{9}$

35 分数のたし算とひき算 —— ②

1 次の計算をしましょう。

[1問 3点]

(1) $\dfrac{5}{9} + \dfrac{2}{3}$

(2) $\dfrac{1}{6} + \dfrac{5}{4}$

(3) $\dfrac{4}{3} + \dfrac{5}{9}$

(4) $\dfrac{5}{6} + \dfrac{7}{8}$

(5) $\dfrac{2}{3} + \dfrac{3}{2}$

(6) $\dfrac{4}{5} + \dfrac{5}{3}$

(7) $\dfrac{6}{7} + \dfrac{3}{4}$

(8) $\dfrac{4}{9} + \dfrac{2}{5}$

(9) $\dfrac{3}{8} + \dfrac{4}{3}$

(10) $\dfrac{1}{9} + \dfrac{3}{7}$

(11) $\dfrac{4}{5} + \dfrac{1}{6}$

(12) $\dfrac{4}{7} + \dfrac{5}{8}$

(13) $\dfrac{7}{6} + \dfrac{2}{9}$

(14) $\dfrac{1}{4} + \dfrac{3}{10}$

(15) $\dfrac{4}{3} + \dfrac{5}{8}$

(16) $\dfrac{8}{9} + \dfrac{2}{7}$

次の計算をしましょう。

[(1)〜(12)　1問　3点, (13)〜(16)　1問　4点]

(1) $\dfrac{5}{12} + \dfrac{1}{4}$

(2) $\dfrac{2}{5} + \dfrac{3}{10}$

(3) $\dfrac{3}{10} + \dfrac{1}{6}$

(4) $\dfrac{3}{5} + \dfrac{2}{3}$

(5) $\dfrac{1}{6} + \dfrac{2}{9}$

(6) $\dfrac{1}{9} + \dfrac{7}{6}$

(7) $\dfrac{1}{8} + \dfrac{3}{10}$

(8) $\dfrac{5}{12} + \dfrac{4}{3}$

(9) $\dfrac{7}{12} + \dfrac{9}{8}$

(10) $\dfrac{3}{5} + \dfrac{5}{2}$

(11) $\dfrac{4}{3} + \dfrac{6}{7}$

(12) $\dfrac{6}{5} + \dfrac{2}{3}$

(13) $\dfrac{4}{5} + \dfrac{7}{6}$

(14) $\dfrac{7}{5} + \dfrac{2}{9}$

(15) $\dfrac{8}{3} + \dfrac{5}{7}$

(16) $\dfrac{5}{12} + \dfrac{7}{8}$

36 分数のたし算とひき算 ― ③

1 次の計算をしましょう。

[1問 3点]

(1) $\dfrac{3}{4} + \dfrac{5}{12}$

(2) $\dfrac{7}{12} + \dfrac{2}{3}$

(3) $\dfrac{5}{6} + \dfrac{11}{18}$

(4) $\dfrac{11}{24} + \dfrac{1}{6}$

(5) $\dfrac{3}{8} + \dfrac{5}{24}$

(6) $\dfrac{5}{3} + \dfrac{2}{5}$

(7) $\dfrac{1}{2} + \dfrac{7}{6}$

(8) $\dfrac{5}{6} + \dfrac{8}{9}$

(9) $\dfrac{11}{6} + \dfrac{5}{12}$

(10) $\dfrac{4}{7} + \dfrac{2}{5}$

(11) $\dfrac{3}{8} + \dfrac{5}{9}$

(12) $\dfrac{3}{4} + \dfrac{5}{3}$

(13) $\dfrac{1}{8} + \dfrac{5}{7}$

(14) $\dfrac{5}{6} + \dfrac{3}{4}$

(15) $\dfrac{7}{8} + \dfrac{6}{5}$

(16) $\dfrac{4}{7} + \dfrac{3}{8}$

勉強した日 　月　　日

時間 **20分**　合格点 **80点**　答え 別さつ19ページ　得点　点

色をぬろう ☆☆☆ 60 80 100

2 次の計算をしましょう。

[(1)～(12) 1問 3点, (13)～(16) 1問 4点]

(1) $\dfrac{3}{2} + \dfrac{1}{6}$

(2) $\dfrac{1}{3} + \dfrac{6}{5}$

(3) $\dfrac{8}{7} + \dfrac{5}{14}$

(4) $\dfrac{5}{4} + \dfrac{7}{8}$

(5) $\dfrac{3}{8} + \dfrac{7}{2}$

(6) $\dfrac{5}{9} + \dfrac{4}{5}$

(7) $\dfrac{7}{3} + \dfrac{3}{5}$

(8) $\dfrac{11}{8} + \dfrac{1}{2}$

(9) $\dfrac{1}{6} + \dfrac{13}{12}$

(10) $\dfrac{2}{7} + \dfrac{6}{5}$

(11) $\dfrac{7}{4} + \dfrac{5}{8}$

(12) $\dfrac{5}{6} + \dfrac{7}{5}$

(13) $\dfrac{5}{9} + \dfrac{8}{5}$

(14) $\dfrac{4}{9} + \dfrac{6}{5}$

(15) $\dfrac{5}{3} + \dfrac{7}{12}$

(16) $\dfrac{9}{4} + \dfrac{2}{3}$

37 分数のたし算とひき算 ─ ④

1 次の計算をしましょう。

[1問 3点]

(1) $\dfrac{10}{3} + \dfrac{5}{2}$

(2) $\dfrac{8}{7} + \dfrac{7}{5}$

(3) $\dfrac{9}{8} + \dfrac{5}{4}$

(4) $\dfrac{10}{9} + \dfrac{7}{6}$

(5) $\dfrac{5}{3} + \dfrac{6}{5}$

(6) $\dfrac{11}{8} + \dfrac{5}{3}$

(7) $\dfrac{5}{2} + \dfrac{4}{3}$

(8) $\dfrac{5}{4} + \dfrac{7}{3}$

(9) $\dfrac{3}{2} + \dfrac{7}{6}$

(10) $\dfrac{5}{3} + \dfrac{11}{6}$

(11) $\dfrac{6}{5} + \dfrac{13}{10}$

(12) $\dfrac{17}{12} + \dfrac{4}{3}$

(13) $\dfrac{8}{7} + \dfrac{19}{14}$

(14) $\dfrac{9}{5} + \dfrac{7}{4}$

(15) $\dfrac{4}{3} + \dfrac{7}{6}$

(16) $\dfrac{7}{4} + \dfrac{8}{3}$

次の計算をしましょう。

[(1)～(12) 1問 3点, (13)～(16) 1問 4点]

(1) $\dfrac{3}{2} + \dfrac{13}{12}$

(2) $\dfrac{7}{3} + \dfrac{9}{8}$

(3) $\dfrac{9}{4} + \dfrac{7}{6}$

(4) $\dfrac{9}{2} + \dfrac{5}{3}$

(5) $\dfrac{6}{5} + \dfrac{8}{7}$

(6) $\dfrac{9}{8} + \dfrac{5}{2}$

(7) $\dfrac{7}{5} + \dfrac{11}{8}$

(8) $\dfrac{5}{4} + \dfrac{13}{6}$

(9) $\dfrac{11}{5} + \dfrac{3}{2}$

(10) $\dfrac{8}{3} + \dfrac{11}{2}$

(11) $\dfrac{12}{5} + \dfrac{4}{3}$

(12) $\dfrac{8}{7} + \dfrac{5}{3}$

(13) $\dfrac{9}{4} + \dfrac{3}{2}$

(14) $\dfrac{6}{5} + \dfrac{8}{3}$

(15) $\dfrac{7}{6} + \dfrac{8}{5}$

(16) $\dfrac{9}{5} + \dfrac{11}{8}$

38 分数のたし算とひき算 — ⑤

問題 $\dfrac{5}{6} - \dfrac{1}{2}$ を計算しましょう。

考え方 分母のちがう分数のひき算は，通分して分母をそろえてから計算します。答えが約分できるときは，必ず約分しておきます。

$$\dfrac{5}{6} - \dfrac{1}{2} = \dfrac{5}{6} - \dfrac{3}{6} = \dfrac{2}{6} = \dfrac{1}{3}$$

答え $\dfrac{1}{3}$

 次の計算をしましょう。

[1問 4点]

(1) $\dfrac{1}{2} - \dfrac{1}{3}$

(2) $\dfrac{2}{3} - \dfrac{1}{6}$

(3) $\dfrac{1}{4} - \dfrac{1}{6}$

(4) $\dfrac{1}{6} - \dfrac{1}{8}$

(5) $\dfrac{2}{3} - \dfrac{1}{4}$

(6) $\dfrac{5}{6} - \dfrac{4}{9}$

(7) $\dfrac{1}{2} - \dfrac{3}{10}$

(8) $\dfrac{4}{5} - \dfrac{2}{7}$

2 次の計算をしましょう。

[(1)〜(12) 1問 4点, (13)〜(16) 1問 5点]

(1) $\dfrac{2}{3} - \dfrac{1}{2}$

(2) $\dfrac{5}{7} - \dfrac{1}{2}$

(3) $\dfrac{5}{6} - \dfrac{2}{3}$

(4) $\dfrac{7}{8} - \dfrac{3}{4}$

(5) $\dfrac{5}{8} - \dfrac{1}{2}$

(6) $\dfrac{5}{6} - \dfrac{3}{8}$

(7) $\dfrac{4}{9} - \dfrac{1}{6}$

(8) $\dfrac{4}{7} - \dfrac{3}{14}$

(9) $\dfrac{1}{2} - \dfrac{2}{5}$

(10) $\dfrac{4}{5} - \dfrac{3}{10}$

(11) $\dfrac{7}{9} - \dfrac{1}{6}$

(12) $\dfrac{5}{8} - \dfrac{2}{7}$

(13) $\dfrac{5}{6} - \dfrac{3}{5}$

(14) $\dfrac{7}{10} - \dfrac{1}{5}$

(15) $\dfrac{1}{2} - \dfrac{3}{7}$

(16) $\dfrac{2}{3} - \dfrac{5}{9}$

39 分数のたし算とひき算 ― ⑥

1 次の計算をしましょう。

[1問 3点]

(1) $\dfrac{4}{3} - \dfrac{1}{2}$

(2) $\dfrac{5}{4} - \dfrac{1}{8}$

(3) $\dfrac{5}{3} - \dfrac{8}{9}$

(4) $\dfrac{3}{2} - \dfrac{7}{8}$

(5) $\dfrac{7}{4} - \dfrac{5}{8}$

(6) $\dfrac{7}{5} - \dfrac{9}{10}$

(7) $\dfrac{3}{2} - \dfrac{1}{4}$

(8) $\dfrac{7}{6} - \dfrac{2}{3}$

(9) $\dfrac{9}{8} - \dfrac{3}{4}$

(10) $\dfrac{10}{9} - \dfrac{2}{3}$

(11) $\dfrac{9}{7} - \dfrac{1}{2}$

(12) $\dfrac{4}{3} - \dfrac{3}{4}$

(13) $\dfrac{11}{8} - \dfrac{5}{6}$

(14) $\dfrac{5}{3} - \dfrac{7}{9}$

(15) $\dfrac{5}{4} - \dfrac{2}{3}$

(16) $\dfrac{8}{7} - \dfrac{2}{5}$

次の計算をしましょう。

[(1)～(12)　1問　3点, (13)～(16)　1問　4点]

(1)　$\dfrac{5}{3} - \dfrac{1}{6}$

(2)　$\dfrac{7}{6} - \dfrac{1}{3}$

(3)　$\dfrac{7}{4} - \dfrac{1}{2}$

(4)　$\dfrac{8}{5} - \dfrac{2}{3}$

(5)　$\dfrac{10}{7} - \dfrac{2}{3}$

(6)　$\dfrac{13}{8} - \dfrac{1}{3}$

(7)　$\dfrac{3}{2} - \dfrac{5}{6}$

(8)　$\dfrac{5}{4} - \dfrac{7}{8}$

(9)　$\dfrac{11}{6} - \dfrac{3}{4}$

(10)　$\dfrac{9}{7} - \dfrac{8}{9}$

(11)　$\dfrac{4}{3} - \dfrac{5}{9}$

(12)　$\dfrac{9}{5} - \dfrac{7}{10}$

(13)　$\dfrac{15}{8} - \dfrac{3}{4}$

(14)　$\dfrac{16}{9} - \dfrac{4}{5}$

(15)　$\dfrac{6}{5} - \dfrac{5}{7}$

(16)　$\dfrac{11}{8} - \dfrac{6}{7}$

40 分数のたし算とひき算 ― ⑦

1 次の計算をしましょう。

[1問 3点]

(1) $\dfrac{3}{2} - \dfrac{5}{7}$

(2) $\dfrac{7}{4} - \dfrac{3}{5}$

(3) $\dfrac{6}{5} - \dfrac{2}{3}$

(4) $\dfrac{13}{7} - \dfrac{2}{3}$

(5) $\dfrac{5}{3} - \dfrac{3}{8}$

(6) $\dfrac{14}{9} - \dfrac{1}{2}$

(7) $\dfrac{11}{6} - \dfrac{8}{9}$

(8) $\dfrac{9}{8} - \dfrac{4}{5}$

(9) $\dfrac{11}{9} - \dfrac{5}{7}$

(10) $\dfrac{7}{5} - \dfrac{3}{4}$

(11) $\dfrac{13}{8} - \dfrac{9}{10}$

(12) $\dfrac{3}{2} - \dfrac{7}{9}$

(13) $\dfrac{4}{3} - \dfrac{5}{7}$

(14) $\dfrac{10}{7} - \dfrac{5}{8}$

(15) $\dfrac{7}{6} - \dfrac{4}{5}$

(16) $\dfrac{7}{4} - \dfrac{5}{6}$

2 次の計算をしましょう。

[(1)〜(12) 1問 3点, (13)〜(16) 1問 4点]

(1) $\dfrac{5}{4} - \dfrac{3}{8}$

(2) $\dfrac{11}{6} - \dfrac{1}{2}$

(3) $\dfrac{4}{3} - \dfrac{2}{5}$

(4) $\dfrac{13}{8} - \dfrac{3}{4}$

(5) $\dfrac{7}{4} - \dfrac{5}{16}$

(6) $\dfrac{7}{5} - \dfrac{1}{6}$

(7) $\dfrac{8}{7} - \dfrac{1}{3}$

(8) $\dfrac{14}{9} - \dfrac{7}{8}$

(9) $\dfrac{11}{8} - \dfrac{5}{12}$

(10) $\dfrac{11}{6} - \dfrac{7}{12}$

(11) $\dfrac{5}{3} - \dfrac{8}{15}$

(12) $\dfrac{7}{4} - \dfrac{9}{10}$

(13) $\dfrac{9}{5} - \dfrac{1}{8}$

(14) $\dfrac{12}{7} - \dfrac{4}{5}$

(15) $\dfrac{16}{9} - \dfrac{11}{12}$

(16) $\dfrac{7}{6} - \dfrac{9}{14}$

41 分数のたし算とひき算 —— ⑧

1 次の計算をしましょう。

[1問 3点]

(1) $\dfrac{5}{2} - \dfrac{4}{3}$

(2) $\dfrac{8}{5} - \dfrac{7}{6}$

(3) $\dfrac{3}{2} - \dfrac{7}{5}$

(4) $\dfrac{8}{3} - \dfrac{5}{4}$

(5) $\dfrac{13}{6} - \dfrac{5}{3}$

(6) $\dfrac{14}{9} - \dfrac{7}{6}$

(7) $\dfrac{7}{6} - \dfrac{10}{9}$

(8) $\dfrac{9}{5} - \dfrac{5}{4}$

(9) $\dfrac{3}{2} - \dfrac{7}{6}$

(10) $\dfrac{11}{4} - \dfrac{5}{2}$

(11) $\dfrac{8}{3} - \dfrac{6}{5}$

(12) $\dfrac{7}{5} - \dfrac{4}{3}$

(13) $\dfrac{13}{7} - \dfrac{11}{6}$

(14) $\dfrac{9}{4} - \dfrac{17}{12}$

(15) $\dfrac{16}{3} - \dfrac{13}{8}$

(16) $\dfrac{13}{12} - \dfrac{16}{15}$

次の計算をしましょう。

(1) $\dfrac{8}{3} - \dfrac{7}{6}$

(2) $\dfrac{9}{2} - \dfrac{7}{4}$

(3) $\dfrac{5}{4} - \dfrac{9}{8}$

(4) $\dfrac{8}{5} - \dfrac{3}{2}$

(5) $\dfrac{10}{7} - \dfrac{7}{5}$

(6) $\dfrac{9}{5} - \dfrac{7}{4}$

(7) $\dfrac{17}{6} - \dfrac{9}{4}$

(8) $\dfrac{15}{8} - \dfrac{10}{9}$

(9) $\dfrac{7}{6} - \dfrac{13}{12}$

(10) $\dfrac{14}{5} - \dfrac{11}{8}$

(11) $\dfrac{13}{7} - \dfrac{3}{2}$

(12) $\dfrac{15}{4} - \dfrac{11}{6}$

(13) $\dfrac{21}{8} - \dfrac{7}{3}$

(14) $\dfrac{23}{12} - \dfrac{9}{8}$

(15) $\dfrac{13}{12} - \dfrac{19}{18}$

(16) $\dfrac{9}{5} - \dfrac{17}{12}$

分数のたし算とひき算 —⑨

問題 $\dfrac{2}{3}+4$ を計算し，答えは仮分数で表しましょう。

考え方 整数は分母が1の分数と考えて，通分して計算します。

$$\dfrac{2}{3}+4=\dfrac{2}{3}+\dfrac{12}{3}=\dfrac{14}{3}$$

答え $\dfrac{14}{3}$

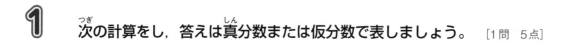

1 次の計算をし，答えは真分数または仮分数で表しましょう。　[1問　5点]

(1) $\dfrac{1}{2}+3$

(2) $2+\dfrac{1}{4}$

(3) $\dfrac{2}{3}+2$

(4) $4+\dfrac{5}{6}$

(5) $\dfrac{2}{5}+4$

(6) $2-\dfrac{2}{3}$

(7) $\dfrac{5}{2}-2$

(8) $3-\dfrac{10}{7}$

(9) $\dfrac{16}{3}-4$

(10) $5-\dfrac{25}{8}$

勉強した日　月　日

時間 **20分**　合格点 **80点**　答え 別さつ **22**ページ　得点 点　色をぬろう ☆60 ☆80 ☆100

問題 $1\dfrac{1}{6} - \dfrac{2}{3}$ を計算しましょう。

考え方　帯分数は，仮分数に直して計算します。

$$1\dfrac{1}{6} - \dfrac{2}{3} = \dfrac{7}{6} - \dfrac{4}{6} = \dfrac{3}{6} = \dfrac{1}{2}$$

答え　$\dfrac{1}{2}$

2 次の計算をし，答えは真分数または仮分数で表しましょう。 ［1問 5点］

(1) $2\dfrac{1}{6} + \dfrac{1}{3}$

(2) $3\dfrac{1}{4} + \dfrac{1}{2}$

(3) $\dfrac{3}{4} + 1\dfrac{1}{6}$

(4) $\dfrac{1}{2} + 4\dfrac{1}{8}$

(5) $1\dfrac{1}{2} - \dfrac{2}{3}$

(6) $1\dfrac{1}{9} - \dfrac{5}{6}$

(7) $\dfrac{11}{6} - 1\dfrac{1}{3}$

(8) $\dfrac{9}{2} - 3\dfrac{3}{4}$

(9) $2\dfrac{5}{8} - \dfrac{9}{4}$

(10) $\dfrac{9}{2} - 3\dfrac{7}{10}$

43 分数のたし算とひき算 ― ⑩

問題 $3\dfrac{1}{3} + 2\dfrac{2}{5}$ を計算し，答えは帯分数で表しましょう。

考え方 分数部分を通分して計算します。

$$3\dfrac{1}{3} + 2\dfrac{2}{5} = 3\dfrac{5}{15} + 2\dfrac{6}{15} = 5\dfrac{11}{15}$$

答え $5\dfrac{11}{15}$

1 次の計算をし，答えは帯分数で表しましょう。

[1問 5点]

(1) $2\dfrac{1}{9} + 1\dfrac{2}{3}$

(2) $3\dfrac{1}{6} + 4\dfrac{3}{4}$

(3) $5\dfrac{2}{3} + 2\dfrac{5}{18}$

(4) $4\dfrac{1}{6} + 1\dfrac{3}{8}$

(5) $2\dfrac{3}{8} + 4\dfrac{2}{7}$

(6) $6\dfrac{5}{12} + 1\dfrac{1}{4}$

(7) $3\dfrac{1}{12} + 6\dfrac{3}{4}$

(8) $1\dfrac{1}{5} + 5\dfrac{3}{10}$

(9) $6\dfrac{5}{8} + \dfrac{7}{24}$

(10) $\dfrac{11}{15} + 7\dfrac{5}{21}$

勉強した日　　月　　日　　時間 **20分**　合格点 **80点**　答え 別さつ**22**ページ　得点　　点　　色をぬろう 60 80 100

問題 $2\dfrac{3}{5} + 3\dfrac{1}{2}$ を計算し，答えは帯分数で表しましょう。

考え方 分数部分の和が仮分数になるときは，真分数に直します。

$$2\dfrac{3}{5} + 3\dfrac{1}{2} = 2\dfrac{6}{10} + 3\dfrac{5}{10} = 5\dfrac{11}{10} = 6\dfrac{1}{10}$$

答え $6\dfrac{1}{10}$

 次の計算をし，答えは帯分数で表しましょう。　　　［1問　5点］

(1) $4\dfrac{2}{3} + 1\dfrac{2}{5}$　　　　　(2) $2\dfrac{5}{6} + 6\dfrac{2}{9}$

(3) $3\dfrac{4}{9} + 5\dfrac{5}{6}$　　　　　(4) $2\dfrac{3}{8} + 4\dfrac{7}{10}$

(5) $7\dfrac{5}{12} + 1\dfrac{2}{3}$　　　　　(6) $5\dfrac{9}{10} + 2\dfrac{5}{8}$

(7) $4\dfrac{5}{6} + 3\dfrac{3}{10}$　　　　　(8) $2\dfrac{5}{12} + 4\dfrac{3}{4}$

(9) $8\dfrac{17}{21} + \dfrac{5}{14}$　　　　　(10) $\dfrac{11}{15} + 7\dfrac{17}{20}$

 **44** 分数のたし算とひき算 ― ⑪

問題 $6\dfrac{7}{8} - 2\dfrac{1}{6}$ を計算し，答えは帯分数で表しましょう。

考え方 分数部分を通分して計算します。

$$6\dfrac{7}{8} - 2\dfrac{1}{6} = 6\dfrac{21}{24} - 2\dfrac{4}{24} = 4\dfrac{17}{24}$$

答え $4\dfrac{17}{24}$

---

1 次の計算をし，答えは帯分数で表しましょう。

[1問 5点]

(1) $5\dfrac{1}{2} - 2\dfrac{1}{3}$

(2) $4\dfrac{2}{3} - 3\dfrac{1}{5}$

(3) $8\dfrac{3}{8} - 4\dfrac{1}{4}$

(4) $7\dfrac{3}{5} - 1\dfrac{1}{3}$

(5) $6\dfrac{4}{7} - 2\dfrac{2}{5}$

(6) $5\dfrac{3}{4} - 3\dfrac{2}{3}$

(7) $6\dfrac{7}{12} - 2\dfrac{1}{4}$

(8) $9\dfrac{13}{18} - 4\dfrac{5}{9}$

(9) $4\dfrac{5}{6} - 1\dfrac{3}{10}$

(10) $7\dfrac{2}{3} - 2\dfrac{1}{6}$

問題 $9\dfrac{1}{6} - 3\dfrac{1}{3}$ を計算し，答えは帯分数で表しましょう。

考え方 分数部分がひけないときは，ひかれる数の整数部分から1をひき，分数部分を仮分数にして計算します。

$$9\dfrac{1}{6} - 3\dfrac{1}{3} = 9\dfrac{1}{6} - 3\dfrac{2}{6} = 8\dfrac{7}{6} - 3\dfrac{2}{6} = 5\dfrac{5}{6}$$

答え $5\dfrac{5}{6}$

2 次の計算をし，答えは帯分数または真分数で表しましょう。 ［1問 5点］

(1) $5\dfrac{3}{8} - 3\dfrac{5}{6}$

(2) $6\dfrac{1}{4} - 1\dfrac{1}{3}$

(3) $8\dfrac{1}{9} - 5\dfrac{2}{3}$

(4) $7\dfrac{2}{9} - 3\dfrac{5}{6}$

(5) $4\dfrac{4}{15} - 1\dfrac{2}{5}$

(6) $9\dfrac{5}{12} - 2\dfrac{2}{3}$

(7) $6\dfrac{11}{18} - 4\dfrac{5}{6}$

(8) $3\dfrac{2}{15} - 2\dfrac{1}{3}$

(9) $7\dfrac{1}{18} - 5\dfrac{1}{2}$

(10) $9\dfrac{5}{12} - 8\dfrac{3}{4}$

45 「分数のたし算とひき算」のまとめ —— ①

1 次の計算をしましょう。

[1問 3点]

(1) $\dfrac{3}{2} + \dfrac{1}{3}$

(2) $\dfrac{7}{5} - \dfrac{1}{4}$

(3) $\dfrac{6}{7} - \dfrac{3}{4}$

(4) $\dfrac{7}{8} + \dfrac{5}{12}$

(5) $\dfrac{1}{6} + \dfrac{2}{15}$

(6) $\dfrac{4}{3} + \dfrac{2}{9}$

(7) $\dfrac{11}{9} - \dfrac{7}{12}$

(8) $\dfrac{15}{16} - \dfrac{5}{8}$

(9) $\dfrac{7}{12} - \dfrac{5}{9}$

(10) $\dfrac{3}{7} + \dfrac{5}{3}$

(11) $\dfrac{8}{3} - \dfrac{9}{7}$

(12) $\dfrac{5}{18} + \dfrac{1}{12}$

(13) $\dfrac{7}{10} + \dfrac{5}{6}$

(14) $\dfrac{17}{15} - \dfrac{9}{10}$

(15) $\dfrac{5}{16} - \dfrac{1}{6}$

(16) $\dfrac{11}{24} + \dfrac{7}{9}$

次の計算をしましょう。

[(1)〜(12)　1問　3点, (13)〜(16)　1問　4点]

(1) $\dfrac{3}{5} - \dfrac{2}{7}$

(2) $\dfrac{7}{10} + \dfrac{3}{2}$

(3) $\dfrac{7}{9} + \dfrac{1}{6}$

(4) $\dfrac{7}{10} - \dfrac{2}{3}$

(5) $\dfrac{11}{12} + \dfrac{5}{8}$

(6) $\dfrac{3}{8} + \dfrac{3}{10}$

(7) $\dfrac{11}{12} - \dfrac{9}{10}$

(8) $\dfrac{13}{18} - \dfrac{5}{9}$

(9) $\dfrac{11}{15} + \dfrac{1}{6}$

(10) $\dfrac{1}{3} - \dfrac{2}{15}$

(11) $\dfrac{2}{3} + \dfrac{7}{12}$

(12) $\dfrac{1}{2} - \dfrac{1}{18}$

(13) $\dfrac{3}{4} - \dfrac{5}{36}$

(14) $\dfrac{1}{6} + \dfrac{3}{10}$

(15) $\dfrac{11}{15} + \dfrac{5}{21}$

(16) $\dfrac{5}{6} - \dfrac{4}{9}$

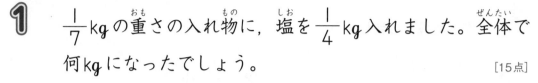

46 「分数のたし算とひき算」のまとめ ── ②

1 $\frac{1}{7}$kgの重さの入れ物に，塩を$\frac{1}{4}$kg入れました。全体で何kgになったでしょう。

[15点]

式
_____

答え
_____

2 ジュースが$\frac{3}{4}$L，牛にゅうが$\frac{6}{5}$Lあります。どちらが何L多いでしょう。

[15点]

式
_____

答え
_____

3 家から公園までは$\frac{4}{5}$km，公園から駅までは$\frac{1}{2}$kmです。家から公園を通って駅へ行くときの道のりは何kmでしょう。

[15点]

式
_____

答え
_____

勉強した日　　月　　日　　時間 (20分)　合格点 (80点)　答え 別さつ24ページ　得点　　点　　色をぬろう 60 80 100

④ 宿題をするのに, 国語は $\dfrac{1}{4}$ 時間, 算数は $\dfrac{7}{15}$ 時間かかりました。合わせて何時間かかったでしょう。 [15点]

式

答え

⑤ 姉はリボンを $\dfrac{2}{3}$ m, 妹は $\dfrac{4}{7}$ m持っています。どちらのリボンが何m長いでしょう。 [20点]

式

答え

⑥ 3辺の長さが $\dfrac{1}{2}$ cm, $\dfrac{2}{3}$ cm, $\dfrac{3}{4}$ cmの三角形があります。この三角形のまわりの長さは何cmですか。 [20点]

式

答え

□ 編集協力　大塚久仁子　塩田久美子
□ デザイン　アトリエ ウインクル

シグマベスト
**トコトン算数
小学5年の計算ドリル**

本書の内容を無断で複写（コピー）・複製・転載する
ことを禁じます。また，私的使用であっても，第三
者に依頼して電子的に複製すること（スキャンやデ
ジタル化等）は，著作権法上，認められていません。

著　者　山腰政喜
発行者　益井英郎
印刷所　NISSHA株式会社
発行所　株式会社文英堂
　　　　〒601-8121　京都市南区上鳥羽大物町28
　　　　〒162-0832　東京都新宿区岩戸町17
　　　　（代表）03-3269-4231

学習の記録

内容	勉強した日	得点	得点グラフ
			0 20 40 60 80 100
かき方	4月 16日	83点	████████████████
❶ 整数と小数	月 日	点	
❷ 小数のかけ算 － ①	月 日	点	
❸ 小数のかけ算 － ②	月 日	点	
❹ 小数のかけ算 － ③	月 日	点	
❺ 小数のかけ算 － ④	月 日	点	
❻ 小数のかけ算 － ⑤	月 日	点	
❼ 小数のかけ算 － ⑥	月 日	点	
❽ 小数のかけ算 － ⑦	月 日	点	
❾ 「小数のかけ算」のまとめ	月 日	点	
❿ 小数のわり算 － ①	月 日	点	
⓫ 小数のわり算 － ②	月 日	点	
⓬ 小数のわり算 － ③	月 日	点	
⓭ 小数のわり算 － ④	月 日	点	
⓮ 小数のわり算 － ⑤	月 日	点	
⓯ 「小数のわり算」のまとめ	月 日	点	
⓰ 倍数と約数 － ①	月 日	点	
⓱ 倍数と約数 － ②	月 日	点	
⓲ 倍数と約数 － ③	月 日	点	
⓳ 倍数と約数 － ④	月 日	点	
⓴ 「倍数と約数」のまとめ	月 日	点	
㉑ 速さ － ①	月 日	点	
㉒ 速さ － ②	月 日	点	
㉓ 速さ － ③	月 日	点	

トコトン算数

小学5年の計算ドリル

● 「答え」は見やすいように，わくでかこみました。

● **考え方・解き方** では，まちがえやすい問題のくわしい
解説や，これからの勉強に役立つことをのせています。

文英堂

1 整数と小数

1
(1) 31.4	(2) 47.2
(3) 50.15	(4) 421.95
(5) 7648	(6) 236.4
(7) 383.1	(8) 504.22
(9) 8026	(10) 6413.25

2
(1) 4.32	(2) 6.725
(3) 0.579	(4) 32.6
(5) 0.026	(6) 8.523
(7) 0.4358	(8) 5.27
(9) 0.0375	(10) 0.0046

2 小数のかけ算──①

1
(1) 4.5	(2) 8.3	(3) 0.35
(4) 0.67	(5) 0.5	(6) 0.9
(7) 3.864	(8) 0.704	(9) 6.265
(10) 4.2195		

2
(1) 0.652	(2) 0.845	(3) 0.072
(4) 0.054	(5) 0.09	(6) 0.75
(7) 0.0386	(8) 0.0467	(9) 0.0039
(10) 0.067		

3 小数のかけ算──②

1
(1) 6.88	(2) 8.25	(3) 32.83
(4) 21.87	(5) 60.8	(6) 61.92

2
(1) 9.18	(2) 24.91	(3) 13.5
(4) 15.58	(5) 15.64	(6) 34.86
(7) 70.68	(8) 9.99	(9) 36.85
(10) 12	(11) 14.82	(12) 51.06

考え方・解き方

▶整数の場合と同じように，小数の場合も10倍すると位が1けたずつ上がり，10でわると1けたずつ下がります。

▶0.1倍することは，10でわることと同じで，小数点は1けた左へうつります。0.01倍のときは2けた，0.001倍のときは3けた左へうつります。つまり，かける数の小数点以下のけた数だけかけられる数の小数点を左へうつせばよいのです。

▶筆算での小数のかけ算です。計算のしかたは整数のときと同じです。計算の最後に小数点をつけわすれないようにしましょう。

4 小数のかけ算—③

(1) 3.77　　(2) 16.45　　(3) 40.28
(4) 24.08　　(5) 26.98　　(6) 53.58
(7) 18.76　　(8) 35.88　　(9) 39.15
(10) 26.64　　(11) 27.95　　(12) 66.36

(1) 7.14　　(2) 52.92　　(3) 20.68
(4) 34.96　　(5) 21.66　　(6) 48.76
(7) 22.78　　(8) 74.62　　(9) 48.18
(10) 16.74　　(11) 26.1　　(12) 51.33

5 小数のかけ算—④

(1) 192.4　　(2) 216　　(3) 335.4
(4) 3.672　　(5) 5.025　　(6) 5.301

(1) 43.2　　(2) 110.4　　(3) 182.4
(4) 249.4　　(5) 13.68　　(6) 40.8
(7) 32.33　　(8) 31.28　　(9) 7.885
(10) 1.064　　(11) 4.51　　(12) 7.068

6 小数のかけ算—⑤

(1) 3.64　　(2) 197.2　　(3) 30.53
(4) 43.16　　(5) 24.15　　(6) 598.5
(7) 8.76　　(8) 41.86　　(9) 6.3
(10) 2.128　　(11) 8.192　　(12) 8.164

(1) 38.54　　(2) 249.6　　(3) 135.7
(4) 25.62　　(5) 35.55　　(6) 26.88
(7) 38.88　　(8) 50.24　　(9) 1.534
(10) 45.22　　(11) 5.829　　(12) 53.38

考え方・解き方

▶筆算での小数のかけ算は重要です。もう一度練習しておきましょう。

▶式に小数点があるかないかをよく見て計算しましょう。積の小数点はかけられる数とかける数の小数点以下のけた数の和だけかぞえて打ちます。

▶1(11), (12)や2(8), (10), (12)では，3けた×2けたのかけ算になっています。位に気をつけて計算しましょう。

❼ 小数のかけ算—⑥

❶ (1) 7.4　(2) 5.6　(3) 7.8　(4) 6.2
(5) 2.5　(6) 5.7

❷ (1) $0.62 \times 0.2 \times 5$
　　$= 0.62 \times 1 = 0.62$

(2) $6.4 \times 2.5 \times 4$
　　$= 6.4 \times 10 = 64$

(3) $2.5 \times 7.8 \times 8$
　　$= 7.8 \times 20 = 156$

(4) $3.14 \times 2.6 + 3.14 \times 7.4$
　　$= 3.14 \times (2.6 + 7.4)$
　　$= 3.14 \times 10 = 31.4$

(5) $6.14 \times 3.4 + 2.36 \times 3.4$
　　$= (6.14 + 2.36) \times 3.4$
　　$= 8.5 \times 3.4 = 28.9$

(6) $4.82 \times 9.8 - 2.72 \times 9.8$
　　$= (4.82 - 2.72) \times 9.8$
　　$= 2.1 \times 9.8 = 20.58$

(7) $5.4 \times 7.64 - 5.4 \times 4.14$
　　$= 5.4 \times (7.64 - 4.14)$
　　$= 5.4 \times 3.5 = 18.9$

考え方・解き方

▶**1**は，計算のきまり
　○×△＝△×○
　(○×△)×□＝○×(△×□)
　(○＋△)×□＝○×□＋△×□
にあてはめて考えましょう。
2(4)は，3.14でまとめて計算します。
2(6)，(7)はひき算ですが，たし算と
同じようにまとめて計算できます。

8 小数のかけ算 —— ⑦

1
(1) $7.1 \times 2 \times 0.5 = 7.1 \times 1 = 7.1$

(2) $1.5 \times 4.9 \times 0.4 = 4.9 \times 0.6 = 2.94$

(3) $6.2 \times 3.5 \times 0.6 = 6.2 \times 2.1$
$= 13.02$

(4) $8.4 \times 0.8 \times 7.5 = 8.4 \times 6 = 50.4$

(5) $1.25 \times 8 \times 5.6 = 10 \times 5.6 = 56$

(6) $4.5 \times 6.9 \times 0.8 = 6.9 \times 3.6$
$= 24.84$

(7) $2.25 \times 8.3 \times 4 = 8.3 \times 9 = 74.7$

2
(1) $2.4 \times 3.7 + 2.4 \times 6.3$
$= 2.4 \times (3.7 + 6.3)$
$= 2.4 \times 10 = 24$

(2) $4.8 \times 3.4 + 3.2 \times 3.4$
$= (4.8 + 3.2) \times 3.4$
$= 8 \times 3.4 = 27.2$

(3) $7.5 \times 4.2 - 7.5 \times 2.2$
$= 7.5 \times (4.2 - 2.2)$
$= 7.5 \times 2 = 15$

(4) $5.3 \times 8.4 - 2.3 \times 8.4$
$= (5.3 - 2.3) \times 8.4$
$= 3 \times 8.4 = 25.2$

(5) $3.14 \times 7.2 + 3.14 \times 2.8$
$= 3.14 \times (7.2 + 2.8)$
$= 3.14 \times 10 = 31.4$

(6) $4.68 \times 3.4 + 4.68 \times 1.6$
$= 4.68 \times (3.4 + 1.6)$
$= 4.68 \times 5 = 23.4$

(7) $6.42 \times 9.4 - 6.42 \times 6.4$
$= 6.42 \times (9.4 - 6.4)$
$= 6.42 \times 3 = 19.26$

考え方・解き方

▶式をよく見て，計算が楽になるように工夫します。

$2 \times 5 = 5 \times 2 = 10$
$4 \times 25 = 25 \times 4 = 100$

などは重要です。

⑨ 「小数のかけ算」のまとめ

① 式　$6.4 \times 6.4 = 40.96$
　　答え　$40.96\,\text{cm}^2$

② 式　$1.4 \times 3.9 = 5.46$
　　答え　$5.46\,\text{kg}$

③ 式　$5.2 \times 5.6 = 29.12$
　　答え　$29.12\,\text{m}^2$

④ 式　$3.2 \times 4.8 = 15.36$
　　答え　$15.36\,\text{cm}^2$

⑤ 式　$1.9 \times 1.3 = 2.47$
　　答え　$2.47\,\text{m}$

⑥ 式　$380 \div 40 \times 9.4 = 89.3$
　　答え　$89.3\,\text{km}$

⑩ 小数のわり算 —— ①

① (1) 3　　(2) 4　　(3) 7　　(4) 6
　　(5) 4　　(6) 9　　(7) 4　　(8) 13
　　(9) 4　　(10) 5

② (1) 7　　(2) 7　　(3) 5　　(4) 19
　　(5) 13　　(6) 12

⑪ 小数のわり算 —— ②

① (1) 78　　(2) 79　　(3) 77
　　(4) 7.7　　(5) 7.3　　(6) 4.2
　　(7) 197　　(8) 14.2　　(9) 11.3

② (1) 6　　(2) 4　　(3) 2.7
　　(4) 24　　(5) 12　　(6) 59
　　(7) 17　　(8) 1.2　　(9) 4.2

考え方・解き方

▶6は，まず1Lのガソリンで何km走るかを求めると，

　　$380 \div 40 = 9.5\,(\text{km})$

となり，ガソリンが残り9.4Lですから，

　　$9.5 \times 9.4 = 89.3\,(\text{km})$

となります。これを1つの式にまとめると，

　　$380 \div 40 \times 9.4$

となります。

▶1(9)，(10)は，それぞれ

　　$2 \div 0.5 = 2.0 \div 0.5$
　　　　　$= 20 \div 5 = 4$
　　$4 \div 0.8 = 4.0 \div 0.8$
　　　　　$= 40 \div 8 = 5$

となります。
小数÷小数のわり算では，わる数が整数になるように，わられる数とわる数を10倍，100倍，1000倍などとしていきます。このとき，わられる数が小数のままであってもかまいません。
商の小数点は，小数点をうつした後のわられる数の小数点にそろえて打ちます。

⓬ 小数のわり算 —③

1 (1) 9.5　(2) 8.5　(3) 3.5
　　(4) 7.4　(5) 2.5　(6) 3.4
　　(7) 1.6　(8) 0.5　(9) 0.6

2 (1) 0.75　(2) 0.875　(3) 3.5
　　(4) 5.6　(5) 8.25　(6) 12.04

⓭ 小数のわり算 —④

1 (1) 8.3　(2) 9.9　(3) 2.8
　　(4) 0.9　(5) 2.3　(6) 12.8

2 (1) 8.9　(2) 1.6　(3) 29
　　(4) 3.3　(5) 0.44　(6) 7.8

⓮ 小数のわり算 —⑤

1 (1) 6余り0.4　　(2) 7余り0.3
　　(3) 3余り0.6　　(4) 7余り0.4
　　(5) 9余り0.2　　(6) 8余り0.6

2 (1) 2.5余り0.15　(2) 6.4余り0.1
　　(3) 4.4余り0.28　(4) 6.4余り0.74
　　(5) 23.6余り0.12　(6) 18.4余り0.22

考え方・解き方

▶わり切れるまでわるときは，わられる数の小数点以下どこまでも0があるものと考えてわっていきます。

▶**1**は，小数第2位まで商を求め，四捨五入して小数第1位までにします。
2は，最初に0以外の商がたつ位から3けた目を四捨五入します。

▶筆算で小数でわるわり算をして余りを出すときは，余りの小数点はわられる数のもとの小数点にそろえて打ちます。商の小数点の位置とはちがいますから，十分に気をつけましょう。

⑮ 「小数のわり算」のまとめ

1 式　$18 \div 1.5 = 12$　　答え　12本

2 式　$315 \div 4.5 = 70$　　答え　70円

3 式　$11.7 \div 2.6 = 4.5$　答え　4.5cm

4 式　$1.4 \div 3.5 = 0.4$　答え　0.4倍

5 式　$3.5 \div 0.4 = 8$ 余り0.3
答え　8人に分けられて，0.3L残る

6 式　$71.2 \div 38 = 1.87\cdots$
答え　およそ1.9倍

⑯ 倍数と約数 ― ①

1
(1) 4, 8, 12　　(2) 3, 6, 9
(3) 6, 12, 18　　(4) 8, 16, 24
(5) 5, 10, 15　　(6) 9, 18, 27
(7) 12, 24, 36　　(8) 15, 30, 45
(9) 16, 32, 48　　(10) 24, 48, 72

2
(1) 4, 8, 12, 16, 20, 24, 28
(2) 6, 12, 18, 24, 30, 36
(3) 9, 18, 27, 36, 45
(4) 12, 24, 36, 48, 60
(5) 18, 36, 54, 72, 90

考え方・解き方

▶**4**は，□を使った式をつくるとわかりやすいです。家から図書館までの道のり（1.4km）は，家から駅までの道のり（3.5km）の□倍であるとすると

$$1.4 = 3.5 \times □$$

これより，□＝$1.4 \div 3.5$となります。

5では，余りはわる数の0.4より小さくなることを確かめましょう。

▶倍数の問題です。□の倍数は，□に1から順にかけていって，

$$□ \times 1,　□ \times 2,　□ \times 3,　\cdots$$

として求めます。

⓱ 倍数と約数 ── ②

1 (1) 6　　(2) 12　　(3) 12　　(4) 18
　　(5) 24　　(6) 30　　(7) 36　　(8) 60
　　(9) 36　　(10) 90

2 (1) 30, 60, 90
　　(2) 45, 90, 135
　　(3) 60, 120, 180
　　(4) 48, 96, 144
　　(5) 42, 84, 126
　　(6) 72, 144, 216

⓲ 倍数と約数 ── ③

1 (1) 1, 2, 3, 6　　(2) 1, 2, 4, 8
　　(3) 1, 2, 4　　　　(4) 1, 3, 9
　　(5) 1, 2, 3, 4, 6, 12
　　(6) 1, 3, 7, 21
　　(7) 1, 2, 4, 7, 14, 28
　　(8) 1, 5, 25
　　(9) 1, 2, 4, 8, 16, 32
　　(10) 1, 2, 3, 6, 7, 14, 21, 42

2 (1) 2個　(2) 3個　(3) 4個　(4) 2個
　　(5) 6個　(6) 8個　(7) 3個　(8) 9個
　　(9) 8個　(10) 12個

考え方・解き方

▶2つの整数の最小公倍数を求めるときは，2つのうち大きい方の倍数を，小さい方の数でわっていきます。そして，最初にわり切れた数が最小公倍数です。

▶約数を求めるときは，1から順にわっていきます。このとき，約数が1つ見つかれば，その相手となる約数が見つかります。その2つの約数が同じ，すなわち，

　　3×3＝9，5×5＝25

のように，同じ数の積であるような整数の場合，約数は奇数個となり，そうでない場合は偶数個となります。

⑲ 倍数と約数—④

1
(1) 2　　(2) 2　　(3) 4　　(4) 3
(5) 3　　(6) 4　　(7) 6　　(8) 12
(9) 4　　(10) 14

2
(1) 1, 2, 4　　　(2) 1, 2, 4, 8
(3) 1, 2, 3, 6
(4) 1, 2, 3, 4, 6, 12
(5) 1, 2, 4, 8
(6) 1, 3, 9, 27

⑳ 「倍数と約数」のまとめ

1 100÷7＝14余り2　　答え　14個

2 12と18の最小公倍数は，36 です。
答え　午前9時36分

3 6と10の最小公倍数は，30 です。
答え　30cm

4 28の約数は，1，2，4，7，14，28
1＋2＋4＋7＋14＝28　　答え　28

5 6と5の最小公倍数は，30 です。
30と4の最小公倍数は，60 です。
3，2，1は，すべて60の約数です。
答え　60

6 30と42の最大公約数は，6 です。
答え　6cm

考え方・解き方

▶2つの整数の最大公約数を求めるときは，2つのうち小さい方の数の約数で，大きい方の数をわります。わり切れる約数のうち，もっとも大きいものが最大公約数です。

▶**1**は，7×1から7×14までの14個になります。
5は，1から6のうち大きい方から考えていきます。1×2×3＝6ですから，6と5と4の最小公倍数を求めることになります。

㉑ 速さ ― ①

1
(1)　$80 \div 2 = 40$　　時速40km
(2)　$435 \div 5 = 87$　　　時速87km
(3)　$1000 \div 20 = 50$　　　分速50m
(4)　$60 \div 40 = 1.5$　　　分速1.5km

2
(1)　$200 \div 25 = 8$　　秒速8m
(2)　$520 \div 8 = 65$　　　分速65m
(3)　$144 \div 2 = 72$　　　時速72km
(4)　$3600 \div 12 = 300$　　　分速300m
(5)　$12000 \div 15 = 800$　　　分速800m
(6)　$5400 \div 18 = 300$　　　分速300m
(7)　$72 \div 5 = 14.4$　　　時速14.4km
(8)　1時間20分＝80分＝4800秒
　　　$480000 \div 4800 = 100$
　　　秒速100m

㉒ 速さ ― ②

1　ア　300　　イ　5　　ウ　108
　　エ　30　　オ　50.4　　カ　840

2
(1)　Bは時速24km　　答え　A
(2)　Bは分速720m　　答え　A
(3)　Bは時速72km　　答え　B
(4)　A…$224 \div 4 = 56$ より，時速56km
　　　B…$36 \div 45 \times 60 = 48$ より，
　　　時速48km
　　　答え　A
(5)　A…$2.5 \div 10 \times 60 = 15$ より，
　　　　時速15km
　　　B…$40 \div 2 = 20$ より，時速20km
　　　答え　B

考え方・解き方

▶道のりと時間はこれまでにも出てきていますが，速さは5年生で初めて出てきます。

速さは，時速○km，分速○m，秒速○mのように表しますが，ロケットのように速いものは秒速○kmというような使い方をすることもあります。

1(4)は，分速1500mでも正解です。

▶**2**は，速さをくらべる問題です。速さを時速か分速でそろえます。

㉓ 速さ —③

1
(1) $120 \times 3 = 360$ 360km
(2) $80 \times 20 = 1600$ 1600m
(3) $7 \times 60 = 420$ 420m
(4) $75 \times 1.4 = 105$ 105km

2
(1) $12 \times 60 = 720$ 720km
(2) $400 \times 25 = 10000$ 10km
(3) $35 \times 0.6 = 21$ 21km
(4) $220 \times 0.8 = 176$ 176km
(5) $5 \times 60 \times 15 = 4500$ 4.5km
(6) $42 \div 60 \times 30 = 21$ 21km
(7) $210 \div 60 \times 20 = 70$ 70m
(8) $90 \div 60 \times 90 = 135$ 135km

㉔ 速さ —④

(1) $80 \div 40 = 2$ 2時間
(2) $400 \div 8 = 50$ 50秒
(3) $840 \div 60 = 14$ 14分
(4) $405 \div 90 = 4.5$ 4時間30分

2
(1) $108 \div 12 = 9$ 9秒
(2) $2000 \div 400 = 5$ 5分
(3) $3600 \div 240 = 15$ 15分
(4) $315 \div 210 = 1.5$ 1時間30分
(5) $900 \div 5 = 180$ 3分
(6) $8400 \div 200 = 42$ 42分
(7) $10 \div (120 \div 60) = 5$ 5分
(8) $945 \div 6.3 = 150$ 2時間30分

考え方・解き方

▶道のりを求める問題です。
道のり＝速さ×時間
を利用します。計算のときには，速さと時間で，「時・分・秒」をそろえます。
2(5)～(8)は，そのために60倍したり，60でわったりしています。わかりにくければ，式を2つに分けて，例えば**2**(8)では
$90 \div 60 = 1.5$ より，分速1.5km
$1.5 \times 90 = 135$ より，135km
として求めることもできます。

▶時間を求める問題です。
時間＝道のり÷速さ
で求めます。また，□を使って式を立て，□にはいる数を求めてもかまいません。
1(4)の場合は，
$405 = 90 \times □$
$□ = 405 \div 90 = 4.5$
となります。ここで4.5時間は，4時間と0.5時間で，
$0.5 \times 60 = 30$
より，0.5時間は30分ですから，合わせて4時間30分となります。

㉕ 「速さ」のまとめ

1 式　10km＝10000m
　　10000÷5＝2000
　　2000秒＝33分20秒
答え　33分20秒

2 式　340×15＝5100
答え　5100m

3 式　900÷12＝75
答え　75まい

4 式　150×24＝3600
答え　3.6km

5 式　237.5÷2.5＝95
答え　時速95km

6 式　（2850＋150）÷（60000÷60）＝3
答え　3分

考え方・解き方

▶**1**は，何秒かかるかを求めてから，何分何秒に直します。

6では，列車がトンネルにはいりはじめてからトンネルの長さだけ進んだとき，列車の先頭がトンネルの出口にありますから，列車の長さ分だけ進まないとトンネルから出られません。また，時速60kmを分速に直します。

60でわって
　　時速60km＝分速1km
すなわち，分速1000mです。

26 分数と小数 —①

1 (1) $\dfrac{2}{3}$ (2) $\dfrac{3}{4}$ (3) $\dfrac{1}{6}$ (4) $\dfrac{8}{7}$

(5) $\dfrac{12}{5}$ (6) $\dfrac{9}{11}$ (7) $\dfrac{5}{9}$ (8) $\dfrac{23}{35}$

2 (1) $\dfrac{3}{7}$ (2) $\dfrac{4}{5}$ (3) $\dfrac{6}{11}$ (4) $\dfrac{8}{3}$

(5) $\dfrac{7}{4}$ (6) $\dfrac{8}{9}$ (7) $\dfrac{13}{15}$ (8) $\dfrac{9}{17}$

(9) $\dfrac{11}{7}$ (10) $\dfrac{15}{8}$ (11) $\dfrac{7}{6}$ (12) $\dfrac{10}{3}$

(13) $\dfrac{17}{16}$ (14) $\dfrac{18}{7}$ (15) $\dfrac{19}{9}$ (16) $\dfrac{1}{20}$

(17) $\dfrac{7}{9}$ (18) $\dfrac{3}{23}$ (19) $\dfrac{6}{17}$ (20) $\dfrac{7}{100}$

27 分数と小数 —②

1 (1) 0.6 (2) 1.5 (3) 2.5
(4) 2.5 (5) 0.5 (6) 0.25
(7) 1.8 (8) 0.375 (9) 2.25
(10) 0.875

2 (1) 1.5 (2) 1.25 (3) 0.5
(4) 0.75 (5) 1.75 (6) 2.5
(7) 3.5 (8) 1.5 (9) 0.5
(10) 0.7 (11) 0.45 (12) 0.6
(13) 0.75 (14) 0.8 (15) 1.25
(16) 1.5 (17) 3.5 (18) 3.25
(19) 0.625 (20) 1.125

考え方・解き方

▶わり算の商は, わられる数を分子, わる数を分母とする分数で表されます。

▶分数は

分子÷分母

を計算して小数で表すことができます。ここでは, すべてわり切れる問題になっています。

分数は上わる下

と覚えましょう。

28 分数と小数—③

1
(1) 0.333　　(2) 0.286　　(3) 0.667
(4) 0.778　　(5) 1.143　　(6) 1.111
(7) 0.636　　(8) 1.833　　(9) 0.583
(10) 0.867

2
(1) 0.333　　(2) 0.667　　(3) 0.556
(4) 0.143　　(5) 0.417　　(6) 0.833
(7) 0.429　　(8) 0.889　　(9) 0.667
(10) 0.333　(11) 1.667　(12) 1.286
(13) 1.167　(14) 2.222　(15) 1.333
(16) 1.429　(17) 1.667　(18) 0.857
(19) 0.846　(20) 0.947

考え方・解き方

▶分子を分母でわってもわり切れない問題です。小数第4位を四捨五入して小数第3位までのがい数で表します。
分数を小数に直すと，大小をくらべやすくなります。

29 分数と小数—④

1
(1) $\dfrac{7}{1}$　　(2) $\dfrac{12}{1}$　　(3) $\dfrac{3}{10}$

(4) $\dfrac{9}{10}$　　(5) $\dfrac{17}{100}$　　(6) $\dfrac{53}{100}$

(7) $\dfrac{291}{1000}$　(8) $\dfrac{551}{1000}$

2
(1) $\dfrac{8}{1}$　　(2) $\dfrac{13}{1}$　　(3) $\dfrac{2}{10}$

(4) $\dfrac{8}{10}$　　(5) $\dfrac{13}{100}$　　(6) $\dfrac{43}{100}$

(7) $\dfrac{51}{100}$　(8) $\dfrac{47}{100}$　(9) $\dfrac{19}{100}$

(10) $\dfrac{31}{100}$　(11) $\dfrac{4}{10}$　(12) $\dfrac{77}{100}$

(13) $\dfrac{6}{10}$　(14) $\dfrac{69}{100}$　(15) $\dfrac{91}{100}$

(16) $\dfrac{567}{1000}$　(17) $\dfrac{5}{10}$　(18) $\dfrac{601}{1000}$

(19) $\dfrac{87}{100}$　(20) $\dfrac{539}{1000}$

▶10でわると小数点が1けた左へうつります。100，1000でわるとそれぞれ2けた，3けた左へうつります。
これより，

$$0.7 = 7 \div 10 = \frac{7}{10}$$

$$0.71 = 71 \div 100 = \frac{71}{100}$$

$$0.713 = 713 \div 1000 = \frac{713}{1000}$$

のように，小数は10，100，1000などを分母とする分数として表すことができます。

30 「分数と小数」のまとめ

1 式 $2 \div 3 = \dfrac{2}{3}$ 答え $\dfrac{2}{3}$ kg

2 式 $2 \div 7 = \dfrac{2}{7}$ 答え $\dfrac{2}{7}$ L

3 式 $6 \div 11 = \dfrac{6}{11}$ 答え $\dfrac{6}{11}$ m

4 式 $2 \div 7 = \dfrac{2}{7}$ 答え $\dfrac{2}{7}$ 倍

5 式 $5 \div 9 = \dfrac{5}{9}$ 答え $\dfrac{5}{9}$ 倍

6 式 $9 \div 8 = \dfrac{9}{8}$ 答え $\dfrac{9}{8}$ 倍

31 約分と通分 —— ①

1
| (1) 6 | (2) 6 | (3) 1 | (4) 1 |
| (5) 8 | (6) 3 | (7) 8 | (8) 5 |

2
(1) 9	(2) 6	(3) 8	(4) 1
(5) 3	(6) 4	(7) 18	(8) 25
(9) 21	(10) 16	(11) 15	(12) 20
(13) 3	(14) 2	(15) 4	(16) 4

考え方・解き方

▶**1**〜**3**は，わり算の式をかいて，答えを，わり切れないので分数で表します。

4〜**6**は，□を使って考えるとわかりやすいです。

4は，
　　ペットボトル＝バケツ×□

5は，
　　塩＝さとう×□

6は，
　　青＝赤×□

を，それぞれわり算の式に直し，分数で答えます。

▶分数の分母を見て，何倍になっているか，あるいは何でわられているかを考えます。

32 約分と通分 —②

 (1) $\dfrac{2}{3}$　(2) $\dfrac{3}{4}$　(3) $\dfrac{1}{3}$　(4) $\dfrac{1}{4}$

(5) $\dfrac{3}{5}$　(6) $\dfrac{1}{2}$　(7) $\dfrac{3}{2}$　(8) 2

(9) $\dfrac{4}{3}$　(10) $\dfrac{3}{2}$

2 (1) $\dfrac{1}{2}$　(2) $\dfrac{1}{3}$　(3) $\dfrac{3}{5}$　(4) $\dfrac{2}{3}$

(5) $\dfrac{1}{6}$　(6) $\dfrac{2}{5}$　(7) $\dfrac{3}{2}$　(8) $\dfrac{8}{7}$

(9) $\dfrac{5}{2}$　(10) $\dfrac{6}{5}$　(11) $\dfrac{1}{3}$　(12) $\dfrac{1}{2}$

(13) $\dfrac{4}{3}$　(14) $\dfrac{7}{5}$　(15) $\dfrac{2}{5}$　(16) $\dfrac{5}{7}$

(17) $\dfrac{1}{13}$　(18) $\dfrac{1}{3}$　(19) $\dfrac{2}{19}$　(20) $\dfrac{2}{3}$

33 約分と通分 —③

1 (1) $\dfrac{1}{2}$　(2) $\dfrac{4}{9}$　(3) $\dfrac{9}{7}$　(4) $\dfrac{5}{6}$

(5) $\dfrac{5}{8}$　(6) $\dfrac{7}{6}$

2 (1) $\dfrac{1}{2}$　(2) $\dfrac{5}{6}$　(3) $\dfrac{6}{11}$　(4) $\dfrac{6}{5}$

(5) $\dfrac{5}{2}$　(6) $\dfrac{16}{9}$　(7) $\dfrac{1}{4}$　(8) $\dfrac{5}{12}$

(9) $\dfrac{7}{4}$　(10) $\dfrac{5}{18}$

考え方・解き方

▶分数の計算の答えは，それ以上(いじょう)約分できないところまで約分します。そのためには，くり返し何回も約分することがあります。1回で約分しなければならないということはありませんから，ていねいに計算しましょう。

▶通分して分母をそろえ，分子をくらべます。分母が等しい分数は，分子の数の大きい方が大きい数です。

㉞ 分数のたし算とひき算 ― ①

1
(1) $\dfrac{5}{6}$　(2) $\dfrac{5}{6}$　(3) $\dfrac{3}{8}$　(4) $\dfrac{11}{12}$

(5) $\dfrac{11}{12}$　(6) $\dfrac{29}{24}$　(7) $\dfrac{11}{18}$　(8) $\dfrac{21}{20}$

2
(1) $\dfrac{7}{6}$　(2) $\dfrac{11}{8}$　(3) $\dfrac{7}{6}$　(4) $\dfrac{13}{12}$

(5) $\dfrac{13}{12}$　(6) $\dfrac{19}{24}$　(7) $\dfrac{29}{18}$　(8) $\dfrac{4}{3}$

(9) $\dfrac{9}{8}$　(10) $\dfrac{10}{9}$　(11) $\dfrac{31}{12}$　(12) $\dfrac{13}{18}$

(13) $\dfrac{32}{21}$　(14) $\dfrac{47}{45}$　(15) $\dfrac{37}{56}$　(16) $\dfrac{61}{72}$

㉟ 分数のたし算とひき算 ― ②

1
(1) $\dfrac{11}{9}$　(2) $\dfrac{17}{12}$　(3) $\dfrac{17}{9}$　(4) $\dfrac{41}{24}$

(5) $\dfrac{13}{6}$　(6) $\dfrac{37}{15}$　(7) $\dfrac{45}{28}$　(8) $\dfrac{38}{45}$

(9) $\dfrac{41}{24}$　(10) $\dfrac{34}{63}$　(11) $\dfrac{29}{30}$　(12) $\dfrac{67}{56}$

(13) $\dfrac{25}{18}$　(14) $\dfrac{11}{20}$　(15) $\dfrac{47}{24}$　(16) $\dfrac{74}{63}$

2
(1) $\dfrac{2}{3}$　(2) $\dfrac{7}{10}$　(3) $\dfrac{7}{15}$　(4) $\dfrac{19}{15}$

(5) $\dfrac{7}{18}$　(6) $\dfrac{23}{18}$　(7) $\dfrac{17}{40}$　(8) $\dfrac{7}{4}$

(9) $\dfrac{41}{24}$　(10) $\dfrac{31}{10}$　(11) $\dfrac{46}{21}$　(12) $\dfrac{28}{15}$

(13) $\dfrac{59}{30}$　(14) $\dfrac{73}{45}$　(15) $\dfrac{71}{21}$　(16) $\dfrac{31}{24}$

考え方・解き方

▶分母のちがう分数のたし算です。通分して分母をそろえてから分子を計算します。分母はそのままです。分母どうしをたさないように気をつけましょう。

なお，この本では，特に指示がない限り，答えが仮分数になっても，そのままにしてありますが，帯分数で表すこともできます。中学では帯分数は使いませんから，仮分数のままでよいでしょう。

▶分母のちがう分数のたし算はとても重要です。もう一度しっかり練習しましょう。

36 分数のたし算とひき算 — ③

1
(1) $\dfrac{7}{6}$ (2) $\dfrac{5}{4}$ (3) $\dfrac{13}{9}$ (4) $\dfrac{5}{8}$

(5) $\dfrac{7}{12}$ (6) $\dfrac{31}{15}$ (7) $\dfrac{5}{3}$ (8) $\dfrac{31}{18}$

(9) $\dfrac{9}{4}$ (10) $\dfrac{34}{35}$ (11) $\dfrac{67}{72}$ (12) $\dfrac{29}{12}$

(13) $\dfrac{47}{56}$ (14) $\dfrac{19}{12}$ (15) $\dfrac{83}{40}$ (16) $\dfrac{53}{56}$

2
(1) $\dfrac{5}{3}$ (2) $\dfrac{23}{15}$ (3) $\dfrac{3}{2}$ (4) $\dfrac{17}{8}$

(5) $\dfrac{31}{8}$ (6) $\dfrac{61}{45}$ (7) $\dfrac{44}{15}$ (8) $\dfrac{15}{8}$

(9) $\dfrac{5}{4}$ (10) $\dfrac{52}{35}$ (11) $\dfrac{19}{8}$ (12) $\dfrac{67}{30}$

(13) $\dfrac{97}{45}$ (14) $\dfrac{74}{45}$ (15) $\dfrac{9}{4}$ (16) $\dfrac{35}{12}$

37 分数のたし算とひき算 — ④

1
(1) $\dfrac{35}{6}$ (2) $\dfrac{89}{35}$ (3) $\dfrac{19}{8}$ (4) $\dfrac{41}{18}$

(5) $\dfrac{43}{15}$ (6) $\dfrac{73}{24}$ (7) $\dfrac{23}{6}$ (8) $\dfrac{43}{12}$

(9) $\dfrac{8}{3}$ (10) $\dfrac{7}{2}$ (11) $\dfrac{5}{2}$ (12) $\dfrac{11}{4}$

(13) $\dfrac{5}{2}$ (14) $\dfrac{71}{20}$ (15) $\dfrac{5}{2}$ (16) $\dfrac{53}{12}$

2
(1) $\dfrac{31}{12}$ (2) $\dfrac{83}{24}$ (3) $\dfrac{41}{12}$ (4) $\dfrac{37}{6}$

(5) $\dfrac{82}{35}$ (6) $\dfrac{29}{8}$ (7) $\dfrac{111}{40}$ (8) $\dfrac{41}{12}$

(9) $\dfrac{37}{10}$ (10) $\dfrac{49}{6}$ (11) $\dfrac{56}{15}$ (12) $\dfrac{59}{21}$

(13) $\dfrac{15}{4}$ (14) $\dfrac{58}{15}$ (15) $\dfrac{83}{30}$ (16) $\dfrac{127}{40}$

考え方・解き方

▶仮分数が出てきても，真分数のときと計算のしかたはまったく同じです。

▶たし算をした後で，約分できるかどうか調べるようにしましょう。

38 分数のたし算とひき算―⑤

1
(1) $\dfrac{1}{6}$ (2) $\dfrac{1}{2}$ (3) $\dfrac{1}{12}$ (4) $\dfrac{1}{24}$

(5) $\dfrac{5}{12}$ (6) $\dfrac{7}{18}$ (7) $\dfrac{1}{5}$ (8) $\dfrac{18}{35}$

2
(1) $\dfrac{1}{6}$ (2) $\dfrac{3}{14}$ (3) $\dfrac{1}{6}$ (4) $\dfrac{1}{8}$

(5) $\dfrac{1}{8}$ (6) $\dfrac{11}{24}$ (7) $\dfrac{5}{18}$ (8) $\dfrac{5}{14}$

(9) $\dfrac{1}{10}$ (10) $\dfrac{1}{2}$ (11) $\dfrac{11}{18}$ (12) $\dfrac{19}{56}$

(13) $\dfrac{7}{30}$ (14) $\dfrac{1}{2}$ (15) $\dfrac{1}{14}$ (16) $\dfrac{1}{9}$

考え方・解き方

▶分母がちがう分数のひき算です。通分して分母をそろえてから分子を計算します。分母はそのままです。

39 分数のたし算とひき算―⑥

1
(1) $\dfrac{5}{6}$ (2) $\dfrac{9}{8}$ (3) $\dfrac{7}{9}$ (4) $\dfrac{5}{8}$

(5) $\dfrac{9}{8}$ (6) $\dfrac{1}{2}$ (7) $\dfrac{5}{4}$ (8) $\dfrac{1}{2}$

(9) $\dfrac{3}{8}$ (10) $\dfrac{4}{9}$ (11) $\dfrac{11}{14}$ (12) $\dfrac{7}{12}$

(13) $\dfrac{13}{24}$ (14) $\dfrac{8}{9}$ (15) $\dfrac{7}{12}$ (16) $\dfrac{26}{35}$

2
(1) $\dfrac{3}{2}$ (2) $\dfrac{5}{6}$ (3) $\dfrac{5}{4}$ (4) $\dfrac{14}{15}$

(5) $\dfrac{16}{21}$ (6) $\dfrac{31}{24}$ (7) $\dfrac{2}{3}$ (8) $\dfrac{3}{8}$

(9) $\dfrac{13}{12}$ (10) $\dfrac{25}{63}$ (11) $\dfrac{7}{9}$ (12) $\dfrac{11}{10}$

(13) $\dfrac{9}{8}$ (14) $\dfrac{44}{45}$ (15) $\dfrac{17}{35}$ (16) $\dfrac{29}{56}$

▶仮分数から真分数をひきます。計算のしかたは真分数どうしのひき算とまったく同じです。

㊵ 分数のたし算とひき算—⑦

1
(1) $\dfrac{11}{14}$　(2) $\dfrac{23}{20}$　(3) $\dfrac{8}{15}$　(4) $\dfrac{25}{21}$

(5) $\dfrac{31}{24}$　(6) $\dfrac{19}{18}$　(7) $\dfrac{17}{18}$　(8) $\dfrac{13}{40}$

(9) $\dfrac{32}{63}$　(10) $\dfrac{13}{20}$　(11) $\dfrac{29}{40}$　(12) $\dfrac{13}{18}$

(13) $\dfrac{13}{21}$　(14) $\dfrac{45}{56}$　(15) $\dfrac{11}{30}$　(16) $\dfrac{11}{12}$

2
(1) $\dfrac{7}{8}$　(2) $\dfrac{4}{3}$　(3) $\dfrac{14}{15}$　(4) $\dfrac{7}{8}$

(5) $\dfrac{23}{16}$　(6) $\dfrac{37}{30}$　(7) $\dfrac{17}{21}$　(8) $\dfrac{49}{72}$

(9) $\dfrac{23}{24}$　(10) $\dfrac{5}{4}$　(11) $\dfrac{17}{15}$　(12) $\dfrac{17}{20}$

(13) $\dfrac{67}{40}$　(14) $\dfrac{32}{35}$　(15) $\dfrac{31}{36}$　(16) $\dfrac{11}{21}$

㊶ 分数のたし算とひき算—⑧

1
(1) $\dfrac{7}{6}$　(2) $\dfrac{13}{30}$　(3) $\dfrac{1}{10}$　(4) $\dfrac{17}{12}$

(5) $\dfrac{1}{2}$　(6) $\dfrac{7}{18}$　(7) $\dfrac{1}{18}$　(8) $\dfrac{11}{20}$

(9) $\dfrac{1}{3}$　(10) $\dfrac{1}{4}$　(11) $\dfrac{22}{15}$　(12) $\dfrac{1}{15}$

(13) $\dfrac{1}{42}$　(14) $\dfrac{5}{6}$　(15) $\dfrac{89}{24}$　(16) $\dfrac{1}{60}$

2
(1) $\dfrac{3}{2}$　(2) $\dfrac{11}{4}$　(3) $\dfrac{1}{8}$　(4) $\dfrac{1}{10}$

(5) $\dfrac{1}{35}$　(6) $\dfrac{1}{20}$　(7) $\dfrac{7}{12}$　(8) $\dfrac{55}{72}$

(9) $\dfrac{1}{12}$　(10) $\dfrac{57}{40}$　(11) $\dfrac{5}{14}$　(12) $\dfrac{23}{12}$

(13) $\dfrac{7}{24}$　(14) $\dfrac{19}{24}$　(15) $\dfrac{1}{36}$　(16) $\dfrac{23}{60}$

考え方・解き方

▶ここで，もう一度仮分数から真分数をひく計算をします。計算の後で約分できるかどうか調べるようにしましょう。

▶仮分数どうしのひき算です。計算のしかたは同じです。

42 分数のたし算とひき算—⑨

1 (1) $\dfrac{7}{2}$　(2) $\dfrac{9}{4}$　(3) $\dfrac{8}{3}$　(4) $\dfrac{29}{6}$

(5) $\dfrac{22}{5}$　(6) $\dfrac{4}{3}$　(7) $\dfrac{1}{2}$　(8) $\dfrac{11}{7}$

(9) $\dfrac{4}{3}$　(10) $\dfrac{15}{8}$

2 (1) $\dfrac{5}{2}$　(2) $\dfrac{15}{4}$　(3) $\dfrac{23}{12}$　(4) $\dfrac{37}{8}$

(5) $\dfrac{5}{6}$　(6) $\dfrac{5}{18}$　(7) $\dfrac{1}{2}$　(8) $\dfrac{3}{4}$

(9) $\dfrac{3}{8}$　(10) $\dfrac{4}{5}$

考え方・解き方

▶分数と整数の計算です。整数を分母が1の分数と考えて通分して計算します。たし算の場合は，たとえば，

$$2+\dfrac{1}{4}=2\dfrac{1}{4}$$

のように帯分数で表すこともできますが，ここでは通分して計算し，仮分数で表しています。

43 分数のたし算とひき算—⑩

1 (1) $3\dfrac{7}{9}$　(2) $7\dfrac{11}{12}$　(3) $7\dfrac{17}{18}$　(4) $5\dfrac{13}{24}$

(5) $6\dfrac{37}{56}$　(6) $7\dfrac{2}{3}$　(7) $9\dfrac{5}{6}$　(8) $6\dfrac{1}{2}$

(9) $6\dfrac{11}{12}$　(10) $7\dfrac{34}{35}$

2 (1) $6\dfrac{1}{15}$　(2) $9\dfrac{1}{18}$　(3) $9\dfrac{5}{18}$　(4) $7\dfrac{3}{40}$

(5) $9\dfrac{1}{12}$　(6) $8\dfrac{21}{40}$　(7) $8\dfrac{2}{15}$　(8) $7\dfrac{1}{6}$

(9) $9\dfrac{1}{6}$　(10) $8\dfrac{7}{12}$

▶帯分数のたし算は，仮分数に直してから計算することもできます。
しかし，分子の数が2けたや3けたになることがあるので，整数部分と分数部分に分けて計算するのがかんたんです。
また，計算結果が約分できる場合には，必ず，約分して答えましょう。

44 分数のたし算とひき算—⑪

1

(1) $3\dfrac{1}{6}$ (2) $1\dfrac{7}{15}$ (3) $4\dfrac{1}{8}$ (4) $6\dfrac{4}{15}$

(5) $4\dfrac{6}{35}$ (6) $2\dfrac{1}{12}$ (7) $4\dfrac{1}{3}$ (8) $5\dfrac{1}{6}$

(9) $3\dfrac{8}{15}$ (10) $5\dfrac{1}{2}$

2

(1) $1\dfrac{13}{24}$ (2) $4\dfrac{11}{12}$ (3) $2\dfrac{4}{9}$ (4) $3\dfrac{7}{18}$

(5) $2\dfrac{13}{15}$ (6) $6\dfrac{3}{4}$ (7) $1\dfrac{7}{9}$ (8) $\dfrac{4}{5}$

(9) $1\dfrac{5}{9}$ (10) $\dfrac{2}{3}$

考え方・解き方

▶帯分数のひき算は，仮分数に直してから計算することもできます。

しかし，分子の数が2けたや3けたになることがあるので，整数部分と分数部分に分けて計算するのがかんたんです。

整数部分が0になる場合，その0は書きません。

45 「分数のたし算とひき算」のまとめ—①

1

(1) $\dfrac{11}{6}$ (2) $\dfrac{23}{20}$ (3) $\dfrac{3}{28}$ (4) $\dfrac{31}{24}$

(5) $\dfrac{3}{10}$ (6) $\dfrac{14}{9}$ (7) $\dfrac{23}{36}$ (8) $\dfrac{5}{16}$

(9) $\dfrac{1}{36}$ (10) $\dfrac{44}{21}$ (11) $\dfrac{29}{21}$ (12) $\dfrac{13}{36}$

(13) $\dfrac{23}{15}$ (14) $\dfrac{7}{30}$ (15) $\dfrac{7}{48}$ (16) $\dfrac{89}{72}$

2

(1) $\dfrac{11}{35}$ (2) $\dfrac{11}{5}$ (3) $\dfrac{17}{18}$ (4) $\dfrac{1}{30}$

(5) $\dfrac{37}{24}$ (6) $\dfrac{27}{40}$ (7) $\dfrac{1}{60}$ (8) $\dfrac{1}{6}$

(9) $\dfrac{9}{10}$ (10) $\dfrac{1}{5}$ (11) $\dfrac{5}{4}$ (12) $\dfrac{4}{9}$

(13) $\dfrac{11}{18}$ (14) $\dfrac{7}{15}$ (15) $\dfrac{34}{35}$ (16) $\dfrac{7}{18}$

▶たし算とひき算がまじっています。まちがえないように，おちついて計算しましょう。

46 「分数のたし算とひき算」のまとめ──②

1 式 $\dfrac{1}{7} + \dfrac{1}{4} = \dfrac{11}{28}$　答え $\dfrac{11}{28}$kg

2 式 $\dfrac{6}{5} - \dfrac{3}{4} = \dfrac{9}{20}$

答え　牛にゅうが $\dfrac{9}{20}$L 多い

3 式 $\dfrac{4}{5} + \dfrac{1}{2} = \dfrac{13}{10}$　答え $\dfrac{13}{10}$km

4 式 $\dfrac{1}{4} + \dfrac{7}{15} = \dfrac{43}{60}$　答え $\dfrac{43}{60}$時間

5 式 $\dfrac{2}{3} - \dfrac{4}{7} = \dfrac{2}{21}$

答え　姉のリボンが $\dfrac{2}{21}$m 長い

6 式 $\dfrac{1}{2} + \dfrac{2}{3} + \dfrac{3}{4} = \dfrac{23}{12}$　答え $\dfrac{23}{12}$cm

考え方・解き方

▶分数になっても，整数や小数の場合と同じように式を立てます。

6では，3つの分数のたし算になりますが，2と3と4の最小公倍数である12で通分すると楽に計算できます。